社会と技術者

~おはなし技術者倫理 in 福井~

著者 高橋 一朗

◆ はじめに

　化学の研究者の端くれである筆者（高橋）が、大学の専門教育の授業で日頃お相手するのは、言うまでもなく「化学系」の学生さんたちです。ということは、「理系」ではあっても物理や数学は比較的苦手な人たち、ということになるのではないでしょうか？「大学生になったら、物理と数学は勉強しないで済むと思っていたのに・・・」という愚痴が、毎年のように、筆者の耳に入って来るという事実一つを取っても、状況は明らかでしょう。

　「技術者倫理」関係科目を、高等教育の現場で1コマ15回から成る講義を開講する際に、教科書として使えそうな市販本は膨大な数に上っており、福井でも、大きな本屋さんに行けば10冊以上、立ちどころに見つかるほどです。もちろん、中身の講成は1冊1冊違っているのですが、それでもほぼ共通して取り上げられている内容があります。それは、技術者（士）の行動規範・自律や知的財産との関わり、などの部分です。問題は、これらの領域が、学生たちにとって、実社会に出る以前には、実感・体験する機会が極めて乏しい点にあります。「体験していないこと」に想像力を働かせ、コトが起こる前に先回りして最適の手が打てるか、となると現実には難しい。本書の数章で取り上げ検討する、事例（事故・事件）の分析も、このことを明確に裏付けています。

　「理系」の要素から掛け離れた部分を「中心的課題」として取り上げて講義室で「延々と」説明を続けること自体は、企業経験の豊富な先生たちだったら可能と考えられます。しかし、受益者であるべき（はずの）、受講生の側から見たらどういう景色なのでしょうか？実感・体験していないにせよ、「技術者倫理」関係科目のリテラシーを育（はぐく）むために必要であることを、頭では理解できたとしても、まず間違いなくパニックに陥ることでしょう。今どきは、「適当に抜きながら勉強する」というテクニックを心得ない、生真面目な学生さんが大勢を占めていますから、道半ばで皆ぶっ倒れてしまうのではないか、と心配するものです。

　映像（や音楽）のコンテンツでは、最初の数分間で、あと観（聴い）てもアカン、という感じを持つこと、良くありますよね。受け取る側が想像力を働かせて、感情移入してくれないと、狙った効果が揚がらないことは、大学の講義でも同じことだと思います。

　福井大学工学部における技術者倫理関係科目は、日本がワシントン協定（WA）の正式加盟国となった2005年に「社会と技術者」の科目名で、3年生向けの専門科目として開講されたのが最初でした。各学科で自信のある教員が担当して13年間続けられた後、2016年の工学部改組を契機に、新たに1年生向けの共通教育科目として「科学技術と倫理」が整備・開講されたのです。たった1人の担当教員で工学部全ての学科の学生さんを相手にすることは、骨の折れる作業だったとはいえ、前身科目が開始して以来の悲願であった、教育内容の平準化を達成したことは、評価して良いと思います。

　2021年度末、担当教員が定年を迎えたことにより、科目の担当は各学科に戻されることになりました。将来に亘って一人ですべてを担当できる教員を確保し続けるのが至難と判断された以上は、数名の教員で科目を分担するような持続可能（サステイナブル）な体制を、この機会に是非とも確立しておく必要があります。

　そこで、「社会と技術者」を分担ではあったものの13年間（全期間です!）続けた筆者に、白羽の矢が立つこととなりました。長年お世話になった物質・生命化学科に所属する教員が、将来に

わたり、講義を担当し易くするための手引書を目指して、執筆したのが本書です。

いわゆる「事例分析」は、ほぼノンフィクションではありますが、人間心理が働く上、起承転結を伴い、終結に至る複雑なストーリー構成を持つのが普通です。学生たちに擬似的な実体験の感覚を持ってもらうためには、「わかってもわからなくても、とにかく最後まで読む」ことが欠かせません（囲碁の藤沢秀行名誉棋聖の金言）。そこで、細かい伏線等は出来るだけ省き、「お話」として読めるように工夫して書いてみました。

とはいえ、他の成書に記載自体が無いか、あっても説明に腑に落ちない個所が含まれるような事例については、筆者なりに詳しく「書き下ろし」を行ったことを、予め申し上げておきます。福井大学工学部では、県外から福井大学に入学した学生さんが多数、在籍しておられることを考慮に入れ、可能な限り、福井県内の事例を収集したのが、筆者なりの新機軸と言えましょう。以前に「社会と技術者」を担当した際の経験を拠り所とすると同時に、回数の関係から充分尽くせなかった部分の拡張を目標に据えて、構成しました。

新型コロナウィルス禍が明けやらぬ 2022 年度は、リモート方式の回を織り交ぜて開講する必要がありましたが、翌 2023 年度は、フルに対面で授業を行い、演習部分も予定通り行うことが出来たので、かなり「良い形」に育ちつつあるのではないか、と自負するものです。楽しくなければ大学の学びじゃない！の精神で取り組んで頂ければ、筆者としてこれ以上うれしいことはありません。

何卒、最後までよろしくおつき合い、お願いします。

令和 6（2024）年 10 月
高 橋 一 朗

◆ 目　次

1　工学教育における技術者倫理関係科目　　12

- 1-1. 背景　　12
  - 無法地帯だった大学教育／変化
- 1-2. 福井大学工学部での取り組み　　14
  - 検討のスタート／科目の設計に当たって
- 1-3. 学科の専門性によるJABEEへの取り組みの温度差　　16
  - 建築・建設系は熱心／化学系・物理系は不熱心
- 1-4. 技術者倫理関係科目の取扱い　　16
  - 工学部専門科目から共通教育科目へ／筆者の所属学科での取り扱い／筆者が深く関わっているワケ

2　大学で技術者倫理関係科目は何故開講されるのか？　　19

- 2-1. 背景　　19
  - 多様性・グローバル化の時代を迎えて／国際的な活動にためのお墨付き
- 2-2. 開講の目的：工学教育の国際平準化　　19
  - 工学教育に対する米国の国際戦略／綺麗な花には棘（とげ）がある／リテラシーで1つの科目
- 2-3. 工学教育を統括している組織は？　　21
  - ワシントン協定／英語圏の国と非英語圏の国、それぞれのメリット／ハリウッド・システム
- 2-4. 工学教育プログラムが認定されることによるメリットは何？　　24
  - 認証を受ける付加価値は？／卒業時にもらえる資格は？

3　教育プログラム認証の光と影　　26

- 3-1. 米国の本当の狙いを考察する　　26
  - 「敵」について帰納法的に研究する米国／日米で異なる大学院進学時の学力／日本の大学教育システムの秘密・・・無法の横行／米国による仕掛けと効果／A.シラバス／B.テストの結果の素点による報告／C.相互チェックの強化／D.GPA／影響／学生の母集団が殆ど変化しない日本の学校環境：減点方式の弊害／加点方式で築かれて来た学校環境の破壊
- 3-2. 化学系の事実上のサボタージュによる？地雷の不発化　　30
  - トロイの木馬を城内に引き入れた日本／怪我の功名？だった実験系の対応
- 3-3. 中国の抬頭と米国の誤算：国際平準化の将来は？　　31
  - 中国の抬頭による国際標準化への影響／外れた米国の目論見／理化学研究所の雇止め「事件」の真の教訓

3−4．ギフテッド教育とドロップアウトの取り扱い　　　　　　　　　33
　　　　キリスト教国としての米国／中国の持つ価値観とは／役割分担と階層化
3−5．小括　　　　　　　　　　　　　　　　　　　　　　　　　　35

4　社会と技術者　　　　　　　　　　　　　　　　　　　　　　36

4−1．規格化された社会とリミッター　　　　　　　　　　　　　　36
　　　　倫社の思い出／主観的な議論と客観的な議論／人間社会とリミッター
4−2．心得、道徳、哲学、倫理、法律、何がどう違うのか　　　　　37
　　　　心得とは？／道徳とは？／哲学とは？／倫理とは？／一つの倫理からの脱出／
　　　　法律とは？
4−3．技術者倫理とは？　　　　　　　　　　　　　　　　　　　　39
　　　　技術者から構成された共同体／技術者倫理の及ぶ範囲
4−4．技術化された社会と技術者の関わり：PDCAサイクル　　　　40
　　　　PDCAサイクルとは？／「私は専門でない」は言い訳にできるか？
4−5．小括　　　　　　　　　　　　　　　　　　　　　　　　　　41

5　近代科学の誕生と技術者　　　　　　　　　　　　　　　　　42

5−1．技術と科学の登場　　　　　　　　　　　　　　　　　　　　42
　　　　四肢と五感に基づく原始社会／新皮質の発達による効能／人間生活の必要から生じた「技術」／生活に追われないディレッタントと「科学」／社会での立ち位置の違いに基づくイノベーション／科学の源泉となった合理的思考／合理的思考の産物と日常生活／破局
5−2．近代科学の誕生　　　　　　　　　　　　　　　　　　　　　48
　　　　中世の暗黒時代／世の中の安定化／科学につながる合理的思考の登場／僧侶は中世の代表的な知識人／中世日本における宗教のChemistry／ヨーロッパにおける宗教のChemistry／金星太陽面通過を例として／セレンディピティ（Selendipity）／ハレーの発表から観測合戦へ／その後の事ども／事態の進展と停滞
5−3．技術者教育　　　　　　　　　　　　　　　　　　　　　　　56
　　　　便利さへの対価は不純？／不純？なものは他人にやらせて軽蔑すれば良い??／既存の大学に工学部を置かないのが当たり前？／学生集めに苦労した初期の工学系高等教育機関
5−4．第3の科学革命　　　　　　　　　　　　　　　　　　　　　59
　　　　ものづくりの栄光と黄昏／主役の交代／情報の世紀へ／ものづくり日本の凋落とリベンジの可能性は／CDIアニメーションの脅威／「スピリット／未知への冒険」を例として／日本における新しい動向
5−5．小括　　　　　　　　　　　　　　　　　　　　　　　　　　64

| 6 | おはなし事例分析（1）スペックの決定に当たり技術面からでない思惑が入る場合（P）の検討 | 65 |

- 6－1．緒言　65
  帰納法的アプローチと演繹的アプローチ / 付加式発想法と問題点
- 6－2．玉川海岸崩落事故（1989年、福井）　66
  国道305号線 / 越前海岸と海食崖 / 玉川洞窟観音 / 技術面からでない思惑の発生と衝突 / 崩落事故の前兆 / バブル経済絶頂の年に / 事故発生！/ 検証 / 後日談 / 安全は吠えない犬 / 施工方法の変更で生じた落とし穴 / 事故は拡大再生産する / 教訓
- 6－3．スペースシャトル事故（1986年、2003年）　74
  宇宙往還機 / スペックの確立 / 冷戦・環境問題 / 設計のポイント / 翼を持つ往還機の誕生 / 長所・短所 / 2件の機体全損・死亡事故について / 1986年チャレンジャー事故の原因 / 2003年コロンビア事故の原因 / その後
- 6－4．小括　79

| 7 | おはなし事例分析（2）設計・デザインに技術面から見て問題があったと判断できる場合（D）の検討 | 80 |

- 7－1．緒言　80
- 7－2．敦賀原発1号機冷却水漏洩事故（1981年、福井）　80
  原子の言うことを・・・ / 原子とは何か？/ 発電のための原子力 / 軽水炉 / 放射性廃液が漏れた！/ 教訓
- 7－3．もんじゅを滅ぼした温度計の設計ミス（1995年、福井）　84
  高速増殖炉もんじゅの光と影 / 金属ナトリウム / 化学のトリセツから来る注意事項 / 健全な常識を無視した設計が命取り
- 7－4．山陰本線餘部鉄橋回送列車転落事故（1986年）　87
  日本の鉄道における最初期の線路分布の偏り / 峻烈な地形がもたらした鉄道建設の難化と工夫 / 素材の入手可能性や性質に基づく工夫 / 餘部橋梁のメンテナンス / 改修はしてみたけれど・・・ / 事故発生 / 考察
- 7－5．小括　93

| 8 | おはなし事例分析（3）人間の注意力でシステムの弱点はカバーできるか（C）の検討 | 94 |

- 8－1．緒言　94
  機械は故障することがあるが人間にはない？/ 神経繊維と信号伝達 / 鉄道信号と交通信号 / 単線・複線・信号機
- 8－2．京福電鉄正面衝突事故（2000年、2001年、福井）　96

京福電鉄／鉄道を取り巻く環境の変化／東古市駅（現・永平寺口駅）／2000年12月17日の東古市駅での正面衝突事故／Hロッドの破断が事故原因／東京市電春日町交差点の事故／ブレーキシステムの二重化／閉塞（へいそく）について／自動閉塞／事故発生／2001年6月24日の保田駅―発坂駅間での正面衝突事故／考察

8－3.信楽高原鉄道正面衝突事故（1993年） 103

信楽焼と鉄道／世界陶芸祭／閉塞／JR側のシステム改造：方向優先テコ／もともとの信号システム／SKR側のシステム改造：運転への配慮だったのだが／復習／列車の進行に伴う色灯の変化（1）：方向優先テコがOFFの場合／列車の進行に伴う色灯の変化（2）：方向優先テコがONの場合／問題点の整理／代用閉塞／最後の砦、誤発車検知装置／1991年5月3日のインシデント／1991年5月14日の大事故／事故の拡大再生産／考察／教訓

8－4.JCO臨界事故（1999年） 116
はじめに／発端と対策／事故発生に至る経過／教訓

8－5.某製薬会社での薬品取り違えによる患者死亡事故（2021年、福井） 118
はじめに／発端と対策／事故発生に至る経過と教訓

8－6.小括 120

9 おはなし事例分析（4）事故調査で訳の分からない報告書が出るのは何故？（A）の検討 121

9－1.緒言 121
事故調査／報告書は何故大切か？

9－2.1966年の連続航空事故を振り返る 122
筆者の原点／＜連続事故その1＞1966年2月4日／＜連続事故その2＞1966年3月4日／＜連続事故その3＞1966年3月5日／＜連続事故その4＞1966年8月26日／＜連続事故その5＞1966年11月13日

9－3.国際的に見た場合の日本の事故調査の特殊性と背景 124
刑事責任？裁判？／事故調査のお国柄／文章その1／文章その2／文章その3／文章その4

9－4.日本の事故調査報告書の特徴（1）わけがわからないのは何故？ 126
事故調査に臨む姿勢／恐竜の化石に例えてみると／何をどこまで明らかにするか？内外の比較／玉虫色？の解決／羽田沖墜落事故（1966年）／成功した事故調査

9－5.日本の事故調査報告書の特徴（2）証言はなぜ軽視されるのか？ 129
物証と証言／信憑（しんぴょう）性について

9-6. 1971年の連続航空事故における目撃者証言の軽視　　　　　　　　130
　　　第2の原点／＜連続事故そのA＞1971年7月3日／飛行機は何故迷子にならないのか？／＜連続事故そのB＞1971年7月30日／証言はアテにならない？

9-7. 1985年の日本航空123便の墜落事故における目撃者証言の取り扱いの難しさの例　　　　　　　　134
　　　123便と文集の話／かんたんな言葉／根本的な疑問／柳田邦男氏、再び

9-8. 日本の事故調査報告書の特徴（3）再調査を阻む壁　　　　　　　　136
　　　123便事故と再調査／国際的には

9-9. 小括　　　　　　　　137

10　技術者にとって身近かつ重要な概念をいくつか　　　　　　　　138

10-1. 緒言　　　　　　　　138

10-2. 知的財産と知的財産権　　　　　　　　138
　　　知名度は高いが／学生実験（実技）を行うのは何故か／実況報告／レポート／卒業論文／修士論文／博士論文／学術論文／境界線はどこに？／知的財産権の実例

10-3. 知的財産（知財）以外で重要な概念について　　　　　　　　142
　　　行動規範・技術者の自律・ヒューマンエラー・公益通報／行動規範／技術者の自律／ヒューマンエラー／公益通報

10-4. まとめ　　　　　　　　144

11　おはなし事例分析（5）オペレーターが刑事訴追される時（CとA）の検討　　　　　　　　145

11-1. 緒言　　　　　　　　145

11-2. 仙台判決（1963）の精神　　　　　　　　145
　　　現場の運転者のミス、という声は何故良く出るのか？／アベレージ（平均的）な運転者という考え方

11-3. 北陸トンネル列車火災（1972年、福井）　　　　　　　　147
　　　夜行列車は上野発・・・だけではなかった／夜行急行の運転の特徴／木材とガスバーナーの邂逅（かいこう）／続・事故の鉄道史／食堂車の火災と停電事故の発生／救援列車による脱出／裁判について

11-4. その他の事例　　　　　　　　150
　　　再見：餘部鉄橋回送列車転落事故（1986年）／トルコ航空DC10墜落事故（1974年）／洞爺丸台風による青函連絡性5隻の遭難（1954年）／タイタニック号沈没事故（1912年）

11-5. 小括　　　　　　　　153

12 おはなし事例分析（6）陰謀論はなぜ繰り返し起こる？　154

12-1. 緒言　154
まじめな人ほど陰謀論者になり易いのは何故か／陰謀論といえども作業仮説の一つではある

12-2. 1966年2月4日全日空羽田沖墜落事故での残骸の異常　155
5つの何故？からの出発／A.（操縦室の）機長側スライド窓が開いていたのは何故？／B. 第3エンジンのスタートレバー（だけが）中間位置（カット・オフに切りかけた位置）になっていたのは何故？／C. 救命胴衣のうち28個が膨張した状態で揚収されたのは何故？／D. 客室後方ドアのハンドルが「開」の位置にあったのは何故？／E. ギャレイ・サービス・ドアの脱出用シュートの取り付け棒の曲がりは何故？／考察

12-3. 世界貿易センタービル（WTC）崩壊に対する工学的考察　157
同時多発テロの発生と疑問点／合理的思考

12-4. 日航123便事故と陰謀論　158
1985年8月12日に起きたことへの考察の仕方とは／陰謀論の幕開け？／横田空域を考察に入れるべき／A. 離陸前（修理や整備のミス・不手際で問題点を抱えていなかったか？）／A. の要因に関わる仮説の例示／B. 離陸から事故（垂直尾翼の欠損）発生まで（内部破壊？外部破壊？）／B. の要因に関わる仮説の例示／「操縦不能」の原因として提起された仮説のあれこれ／C. 事故発生から墜落まで（飛行の制御はどの程度出来たか？）／C. の要因に関わる仮説の例示／D. 救難活動（墜落から生存者救出まで16時間を要したのは何故？）／D. の要因に関わる仮説の例示／E. 日本の航空行政（要は航空路）の置かれた立場を考える必要はないか？／E. の要因に関わる仮説の例示／真相は？

13 筆者の考えた123便墜落事故の経緯・・・「お話」としての再構築の試み　168

13-1. 緒言　168

13-2. 筆者の仮説の提示　168
「定時」離陸ではあったが／航路の変更と横田空域への接近／「ルーティン」のスクランブル出動／事故発生／油圧／マヌーバー（操作性）／要撃の通告／スコーク77／緊急着陸果たせず／御巣鷹の尾根／トドメのミサイル発射？／通信能力／可能性

13-3. まとめ　174
総括／洋の東西を問わない本音／落ち穂拾い／問題点解決の先送り（キャリーオーバー）

13-4. 小括　176

14 ディベート（演習） 177

- 14－1. 何故必要なのか？ 177
- 14－2. どのように実施するのか？ 177
- 14－3. 教材として使う論説は？ 177
- 14－4. 結果の報告はどのように？ 178

15 グループ討論（演習） 179

- 15－1. 何故必要なのか？ 179
- 15－2. どのように実施するのか？ 179
- 15－3. 教材として使う論説は？ 179
- 15－4. 結果の報告はどのように？ 179
- 15－5. 付録 180

16 参考文献 182

- 16－1. 文献（電子情報を含む） 182
- 16－2. 視聴覚資料（電子情報を含む） 187

1　工学教育における技術者倫理関係科目

◆1-1. 背景

無法地帯だった大学教育

　工学部に限らないことだが、日本における職業倫理に関係する教育は、今日まで長い間、カリキュラムを構成する多数の専門科目の中で、具体的な事柄とその都度、関連付ける形で行うことが定例化していた。これは悪く言えば、講義をする先生任せという放任主義を意味する。当然のことながら、それぞれの講義で職業倫理に関する内容がどのくらい含まれ、具体的にどのような効果を挙げているかについて、評価（アセス）した上で改良に繋げようとする、帰納法的なアプローチ（例えばPDCAサイクル、後出）を試みることは、全く不可能な体制だったと言えよう。

　問題点は、これだけに止まらない。講義に含まれる倫理的要素は、担当する先生の人生観を色濃く反映することが不可避である。従って、専門知識は多かれ少なかれ「色付け」した姿で、受講学生に向けて提示されることになる。「色付け」の度合いはまちまちであるが、講義によってもたらされる成果（特に他の科目と連結する部分）に歪みが含まれると、カリキュラム・ツリーが本来の形で機能しなくなる心配が起きてくる。

　音楽の好きな人は、音階にピタゴラス（純正）と平均率があることはご存じのことと思う。この2種類の音階の違いが、先に述べた「色付け」と照応していると考えられるので、ここで取り上げておくことは、あながち無駄とは言えないであろう。即ち、純正音階は、5度（7半音）は1.5倍の周波数の違い、オクターブ（12半音）は2倍の周波数の違い、という2つの原理を用いることにより、特定の調性（ハ長調とかのこと）で音階が要求する全ての半音を定義できるが、音楽の表現に不可欠となる転調に関しては、転じた先の調性によっては、著しい不協和を引き起こすことが知られている。この、ピアノを始めとする「固定音楽器」に特有の事象への対応策が、楽聖J.S.バッハにより提案された平均率であり、隣り合った半音どうしの周波数の比を一律、2（=1オクターブ差のキーの周波数の比）の12乗根（約1.05）とすることにより、自由な転調を含む作曲が可能となった。恩恵はクラシックのみならず、ポピュラー、ジャズなど音楽のあらゆるジャンルに及ぶ。但し、どの調性と調性の間の転調でも歪み（不協和音）が無くなることと引き換えに、1つの調性の音階の「内部」に歪みが残ることになる（ピアノの調律ではこれを利用する）。

　ピアノの中央部の1オクターブ（C40～C52）について、ハ長調の音階での各キーの周波数を純正（ピタゴラス）音階と平均律音階について計算したものを図1に示した。両者を比較すると、F45（ファの音）の周波数では実に10ヘルツ近くの差がついている点に、歪の存在が確認できる。

　講義に関しても音階と同様、潜在的に2種類の歪み（講義の内部／講義どうしの間）が含まれている訳だから、この両者を同時に解決することは、原理的に不可能ということになる。

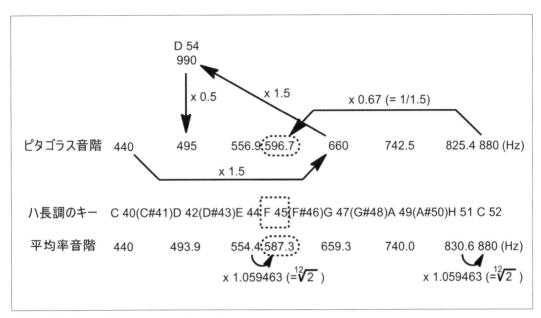

図1 純正(ピタゴラス)音階と平均律音階

変化

　カリキュラム・ツリーをはじめとする、複数の科目の間のリンクの仕方を正面から取り上げ、検討するという考え方は、比較的最近になって輸入された概念であり、それまでは、旧帝大や大規模大学を中心に、担当教員が、自分の専門とする研究領域に適性を持つ学生を「スクリーニング」する手段として講義を活用(悪用!?)するやり方が、長い間まかり通っていた。

開講時期 系統	1 年		2 年	
	前　期	後　期	前　期	後　期
数　学　系	線形代数①	線形代数②	応用数学①	応用数学②
	微分積分①	微分積分②		
物　理　系	物理学①	物理学②	物理学③	
	物理学実験①			
基礎化学系	化学①	化学②	分析化学①	分析化学②
	化学演習	無機化学	有機化学①	有機化学②
生物科学系	生化学入門	生物科学	生物化学①	生物化学②
物理化学系		化学熱力学	物理化学①	物理化学②
				基礎量子化学
高分子系				高分子化学①
化学工学系				化学工学①

表1　カリキュラム・ツリーの例

変化が起きたのは、1999年のことである。日本がワシントン協定（WA）に加盟し、工学教育の国際平準化の流れに従う方針が国策として決定された。対象となるのは、日本全国の工学部や工学系の学科を持つ、大学を始めとする高等教育機関であるが、特に国立大学は、そのうち55の大学が工学部を持つことにより、教育改革の先兵と見なされた。具体的には、文部省（現在の文部科学省）の指示を受ける形で、いわゆる勉強会の形で各大学での検討が開始されることになり、福井大学も当然、この指示に従うことになった。

福井大学文京キャンパス正門

　同じ年、日本での工学教育プログラムの認定を業務とする独立行政法人、日本技術者教育認定機構（JABEE）が発足し、まだ準会員であったWAへ正式に加盟するための準備が開始された（2005年に正式加盟）。これ以降、各大学は「機構」と折衝を重ねることになる。やがて、「機構」の省略名である「ジャビー」は、短く語呂が良いことにより、認証を受けた（受けようとする）工学教育プログラムそのものの通称として、広く定着することになった。

◆1－2. 福井大学工学部での取り組み

検討のスタート

　福井大学（当時は教育学部と工学部の2学部制）では、1999年、児嶋眞平学長（当時）の肝入りで、カリキュラム改革を成し遂げたばかりだったので、引き続き、教育改革に前向きに取り組もうとする機運が漲（みなぎ）っていた。だから、翌2000年、工学部でJABEEに関する検討が正式に開始されるに当たっても、違和感は全く存在しなかったと言える。

　筆者はこの時、所属する学科から、榊原三樹男教授（故人）と共に、最初期の「JABEE委員会」に推されて参画した。小倉久和工学部長（当時）を団長とする視察団の一員として、関西圏（北陸を含む）の大学の工学系で開催されたJABEE関連のシンポジウムに、数多く出席したことを覚えている。筆者の所属する学協会の一つ、日本化学会でも翌2001年春の年会（全国大会）で、JABEEに関する特別シンポジウムが開催されたことを見ても、関係者の当時の熱気が分かろうというものだ。

科目の設計に当たって

検討当初に出て来た課題は、

(1) 技術者倫理関連科目を独立した科目としてプログラム（カリキュラム）中に置く、
(2) 教員と学生の直接接触時間、

の2点であった。少しだけ補足してみたい。

まず、(1)について。これまであちこちの科目の中に散らばっていた、職業倫理に関係する説明部分を1か所に「寄せ集めた」だけでは不充分であり、「幹」の部分と「枝葉」の部分を講義で数回ずつ含むような、全く新しい科目を設計する必要のあることが、明らかとなった。

次に、(2)について。当初、専門科目だけで1600時間以上、という条件が課されていた。直接接触時間は、例えば15回授業を行う1コマ90分の科目だと、単位数に関係なく22.5時間となる（期末試験は含まない）。そこで、当時の生物応用化学科のカリキュラムを俎（まな）板に上げて、榊原教授といっしょに、大幅な改定が必要か否かの検討を行うことにした。必修科目と卒業に必要な最小限の選択科目（＝選択必修）の授業時間数を、単位数（0.5～2）は無視して、全部足し合わせた。結果として、原理的に選択必修となる「共通教育科目」を全て除き、専門科目の講義＋演習＋学生実験だけで計算すると1600時間には届かないが、これに、卒業研究に一年間で費やす時間（6時間/日×180日程度）の50%を加算すれば、全体で1800時間超となることが確認できた。表2として、直接接触時間のチェック例を示す。表中の○は8時間＝全日出席、△は4時間＝半日出席を意味する。この表にはないが、他に6時間程度の出席なら◐、2時間程度の出席なら▲と記入して記録を取っていた。

要は、現行カリキュラムをベースにして検討を進めれば良いことが明らかにできたことになる。報告を受けた学科内に、ひとまずホッとした空気が流れたことを思い出す。

表2　直接接触時間のチェック例

◆1-3. 学科の専門性によるJABEEへの取り組みの温度差

建築・建設系は熱心

　JABEEに対して最も熱心に取り組んだのは、建築建設系の学科であった（全国的に見てもそう）。これは、建築士という仕事で持つべき「スキルと知識」には世界共通性があることに加え、国際入札に際してはドメスティックな資格（入札の開催地で有効であること）をしょっちゅう要求されることが主な理由である。当然のことながら、福井大学工学部に於ける認定プログラムの取得では一番乗りとなると共に、現在に至るも、認証プログラムが途切れず走り続けている。機械系や電気電子情報系も、これらの専門で備えるべき「スキルと知識」に関し、世界共通性があると判断した結果、建築建設系に引き続き、認証獲得に向けた準備に取り組むことになった。

化学系・物理系は不熱心

　これに対し、自然科学の実験系（化学系・物理系）の動きは鈍かった。筆者の所属する学協会の年会等でのシンポジウム企画が、2～3年のうちに下火となった影響も去ることながら、そもそも実験系では、国家資格が分野ごとに細分化（危険物、高圧ガス、環境関係、等々）されている現実が壁となる。実を言うと、この傾向は外国でも同じで、専門性の高い個別資格が重視される反面、「技術士」はあまり注目されないと聞いている。化学反応は一般に危険であり、何か普通から「外れた」ことが起きそうな／起きた場合、すぐさま的確に対応し、大事故へと拡大するのを食い止めることが、常に求められている。即ち、表層的な危機に対する迅速で実質的な対応が絶えず求められる以上、哲学的背景（高邁（こうまい）な理想、とも言える）はあまり問題にされないのではなかろうか？この点に関しては、学生・院生の意識も採用する企業側の意識も変わりがないと言える。

　技術士になるための勉強および実務が化学系でも大事であると認識されるためには、今しばらくの時間が必要であろう。更に、出身が工学系以外の教員（筆者は薬学系であった）が多数、在籍しているという特徴も、「盛り上がらない原因」の一環を成しているのではないか？と筆者は考える。

◆1-4. 技術者倫理関係科目の取り扱い

工学部専門科目から共通教育科目へ

　福井大学工学部で技術者倫理関係科目が新設されたのは、2005年度のことである。これは、前年に日本がWAの正式加盟国となることが本決まりとなり、待ったなしの状況に至ったことによる、悪く言えば、見切り発車であった。当時8つあった学科ごとに、新たな専門科目が選択2単位の講義として、3年次後期に開講されることになった。科目担当者は、このジャンルで心得のある（自称）ディレッタントが各学科で名乗りを挙げた。翌2006年度に必修化された講義は、倫理の要諦（大げさか？）を自分の人生経験に照らして開陳できるなら何でもあり！の空気の中、2017年度まで13年間、続けられた。

　その後、2016年度に行われた工学部改革（8学科→5学科へ改組）の際、科目の整理統合を行ってもなお講義枠が不足したため、2016年度入学生から、技術者倫理関係科目は、共通教育科目（1年生）で開講することに変更された。葛生伸教授（当時）が工学部の全学科を統括する形で講義

を行う方針が、大学当局から示され、それまで関わっていた各学科の（ディレッタント）教員は、担当から外れることになった。科目名は「科学技術と倫理」であった。この方式は数年間続けられたが、葛生教授の定年を機会に、科目担当は各学科の教員の手に戻ることになった（分類は共通教育科目のまま）。

筆者の所属学科での取り扱い

　生物応用化学科（現在の物質・生命化学科）では、上島孝之教授（当時）を中心に、技術者倫理関係科目の具体的な講義内容と担当について、2002年頃から検討に入っていた。上島教授がコア部分を担当し、筆者を含む何名かの教員が各論部分を担当する、という枠組みで計画していた矢先、初の開講を4カ月後に控えた2005年6月に上島教授が急逝という非常事態！そこで、筆者が何とかコア部分を担当し、当時の学科教授陣に1回ずつ担当してもらうやり方に講義計画を修正し、学科教室会議の了承を得た上で、同年10月からの開講に何とか間に合わせることができた。なお講義名の「社会と技術者」は、榊原教授による命名である。

筆者が深く関わっているワケ

　筆者が、講義内容と担当の検討を開始した当初から、各論部分の担当に手を挙げていた理由は、事故論を中心とする職業倫理の領域に、子供の頃から興味を持っていたことに尽きる。これには、柳田邦男氏の数々の論説を愛読していた、元エンジニアの父（2001年逝去）の影響が大きかった。父が当時まだ小学生だった筆者に読むのを勧めたのは、何と、「羽田沖133人墜落死の新事実」。1969年3月号の文芸春秋に掲載され、後に有名な「マッハの恐怖」の一章を成すことになる、柳田氏の有名な論説であるが、訳が分からない（失礼！）ながら兎にも角にも、最後まで読み通したことが、筆者と技術者倫理の関わりの原点となった。父自身は、大学生の時に講義を聴いたことのある先生たちが何人も、当時、事故調査団の委員になっていたことから興味を持ち、柳田氏の論考を読むようになったらしい。息子が「オタク化」したのは想像の外であったろうが…

図2　筆者が昔、強い印象を受けた図　© 新潮社

ともあれ、筆者にとっては、専門の化学に次いで読書量が多い領域であったことは間違いない。2017年度でいったん中断するまでの間、全体の半分程度とはいえ、13年間も連続して担当させてもらえたのは、このような下地があったからである。

　本書の最初でも触れたように、技術者倫理関係科目の統括責任者は、2021年度末を以て定年となり、それに伴い、翌2022年度からは、科目担当が各学科の手に戻ることになった。筆者が、現在の物質・生命化学科の技術者倫理関係科目の総責任者として白羽の矢が立ったのは、言うまでもなく、過去の13年間の実績が買われたことによる。定年が近づきつつある筆者は、文字通り「最後のご奉公」として、お引き受けすることにした。

　数年ぶりに「再登板」することになった筆者の目標は、化学系の教員が分担し易い形の「15回物の講義」を組み立てた上で、後輩の教員たちで担当する体制へと移行させる点にある。年次計画としては、1年目＝組み立て、2年目＝引継ぎの開始、3年目＝引継ぎの終了、が当初計画したところであった。しかしながら、新型コロナウィルス（COVID－19）禍が収束していなかったため、1年目にはリモート方式の授業を組み入れて開講せざるを得ず、2年目に初めて全てを対面で行うことが出来たことで、「組み立て」段階はようやく完了した。3年目も引き続き、筆者の担当と決まっているが、なるべく早く「引継ぎ」が可能になるのが望ましいことは、言わずもがなであろう。本書の執筆も、その一環を成すものである。

福井大 研究活動を禁止
3密問題絡み 緊急宣言受け

　福井大大学院工学研究科の研究室で学生が「3密」の状態で研究活動を続けていたとされる問題に絡み、同大は8日、学生の研究活動を原則禁止したと明らかにした。安倍晋三首相が新型コロナウイルスの感染拡大で緊急事態を宣言したことを受けての措置という。同大は7日、教員に指示した。同大によると、研究室での活動はできないが、インターネットを使った活動は可能。期間は、感染拡大に伴う休講措置と同じ5月10日までとしている。

　3密状態下の研究活動について大学側が教員に聞き取り調査した結果、問題は確認されなかったとした。ただ、研究室を実際に見回りするなどの確認作業はされていなかった。

　研究室での活動には機材を使うなどする実験系と、論文を読むなどする非実験系がある。非実験系では、換気の悪い空間や人の密集、近距離での会話という3密状態の可能性があると学生の間で懸念されていた。福井新聞の調査報道企画「ふくい特報班」に学生から声が寄せられていた。（佐々木哲也）

【24面に「パートナー紙」から】

みんなで発掘　ふくい特報班

福井新聞2020年4月9日付27面　©福井新聞社

2　大学で技術者倫理関係科目は何故開講されるのか？

◆ 2 - 1. 背景

多様性・グローバル化の時代を迎えて

　21世紀を迎えて既に4分の1が経過したが、現代における多様化とボーダーレス化は勢いを増すばかりで、止まる所を知らない。企業活動一つ取って見ても、20世紀に主流を占めていた、販売店としての分社（機能）を本社のある母国から外に置くという商売の「定石」は、今や、本社（機能）自体を世界のあちこちに、コスパ等を考慮しながら配置していくことによって、置きかえられた。この流れは今後、ますます細分化・複雑化していくことであろう。

　新型コロナウィルス禍という世界的な厄災の結果、上で述べた21世紀の分社化システムの脆弱（ぜいじゃく）点が明らかになったとはいえ、反面、ボーダーレス化を促進する、学校や職場でのリモートワークが一挙に普及・整備されたという側面も見逃せない。エンジニアに限らず、これからの社会人は、否応なく、「国境なき職業人」として活動することが求められることになる。

国際的な活動のためのお墨付き

　とはいえ、社会的に活動を行うためには、何らかのお墨付き、言い換えれば、「プロ」としての資格を要求されることが普通である。しかしながら、それぞれの国の歴史や内部事情を踏まえていることが要求されるため、国家資格は、それを与えた国の外では通用しないことが、長らく当たり前とされてきた。このことは「国境なき職業人」の活動には、甚だもって都合が悪い。

　EUが発足し、実質的な国境が廃止された折、当然のことながら、国別に分かれていた国家資格を共通化する努力が成されたが、一部の専門職（医師など）を除き、広がりが見られないのは、以上に述べたことが根底にあるからだ。もろもろの背景を踏まえて出された資格を、「あと付けで」いわば政治的に平準化しようとするのは、原理的に無理がある。一般的な例えとして、ペットボトルのリサイクルで、いろいろなボトルをつぶして細切れにした上で溶融し、そのまま次のボトルの素材とする、工程（スキーム）を思い浮かべて欲しい。すると、国家資格について先に述べたことと、大いに共通点があることがわかるだろう。要するに、操作自体は楽であっても、リサイクル原料に含まれる物質や添加剤は、原理的に、元とくらべてはるかに多種多様となるから、ボトルに成形した際、それぞれが最初に作られたときの性能（スペック）を保てるかどうか、確証が持てない、というのに似ている。悪い条件がたまたま重なると、最低レベルを保障できないことだって起こり得る。受益者側から見たら、はなはだ迷惑な話ではないだろうか？

◆ 2 - 2. 開講の目的：工学教育の国際平準化

工学教育に対する米国の国際戦略

　国際資格に関する問題点に対し、戦略的かつ合理的なアプローチを与えたのが、自国民の活躍の舞台を外国へと広げることに熱心な米国であったことは、驚くに当たらない。どこでも誰でも、

入札のような国際的コンペが常日頃から活発に行われる分野（建築士など）ほど、熱が入るのはごく自然な姿と言えるからだ。多くの国では、自国の業者の利益を守る目的で、ドメスティックな国家資格を持つことが義務付けられているため、国外から「国際的コンペ」に参加するには、その都度、面倒な手続きを取らされることになる。ヤンキー気質がこれに我慢できなかったことが、全ての発端となった。

　資格を与えられた各個人の「最低レベル」を保障した上で、1つの国で獲得した国家資格（技術士、薬剤師など）が他の国でもそのまま通用できるためには、教育プログラムが一定の条件を備えるよう、第三者機関の評価を受けることによって、適正なレベルの範囲内に管理されていれば良い、というアイディアは誰が考えたか知らないが、（表立ってすぐに異議を唱えられる可能性が低いという見地からも）画期的なものであった。

　先に例として挙げたPET（ポリエチレンテレフタレート）のリサイクルで言うなら、単に細分化された粗な素材を溶融するだけでなく、ポリエチレンテレフタレートの原料2つ、即ち、テレフタル酸（のエステル）とエチレングリコールに加水分解で戻して取り出してから、再度反応させてPETを作るやり方に相当することになる。これだと、製造者の技量によるばらつきを除き、ボトルの品質を一定以上に保つことが可能であることは、容易に見て取れるだろう。

綺麗な花には棘（とげ）がある

　以上のことが、理想的な条件の下に行われるならば、大変結構なことである。事実、米国国内では、大学進学希望者は受験対象の大学を、「認証プログラム」を持つ学校かどうかを目安に選ぶことが多い。諸兄諸姉もご存じの通り、米国では高等教育機関（大学）は自由に設立できるので、文部科学省の審査で「ふるい」に掛けられる日本とは状況が異なり、見掛け倒しの学校（ディプロマ・ミル＝学位販売業者と称される）が少なくないからだ。日本でもちょくちょくニュースで流れるのでご存じと思うが、学校法人（主に私立）のトップ（理事長や学長）が学位（博士号が多い）を「取得」したものの、学歴詐称としてしばしば摘発される理由は、ディプロマ・ミルが出した学位であったことによる。米国での大学設置の背景がどのようなものであるかを表わす、典型的な例と言えよう。

　但し、とりあえず反対を言いにくいような、一見クールなアイディアの場合、表向きとは別の狙いが込められていることが多い。国際的リンガフランカ（英語）の傘の下にいるわけでない日本人は、「底意」を察するのが苦手であるが、できるだけ想像力を働かせつつ事に当たる姿勢を崩さなければ、押っ取り刀で駆けつけてくれる味方も現れるだろうし、最悪の事態に到達する以前に回避行動が取れるはずであるが、果たしてどうだろうか？

　私たちの目には、教育プログラムを平準化するだけなら、「同じ科目」を並べ、内容（到達最低レベル）を明示すれば充分なように映る。だが、教育のプロの目には、それだけで十分とは映らなかった。同名の専門科目の提供すべき専門知識は、どの国・地域でも同等、がマストとなった以上、倫理的要素による「色付け」は極力取り除く必要があるとされた。以後の検討がこのような理想主義に沿って進められたのであれば、「技術者倫理関係科目」の設置問題は発生しなかったはずである。ところが、各教育プログラムの認定に関する実務的なプロセスの検討に取り掛かった際、工学についての哲学（＝リテラシー）に関する科目が必須であることが認識・承認された。教育プログラム自体の認定作業は、各国・地域ごとに行うと共に、各国・地域の特性を反映した

部分は温存され、技術者倫理関係科目として再編されることになったのである。

この点については、一元的に認証を行おうとした米国に対し、英国がクレームを付けた結果だとする意見が有力であるが、真相は分からない。

リテラシーで1つの科目

リテラシー部分はどうしても、開講される国や地域の背景にある「ドメスティック」な条件（地政学や民族など）を含む必要があるので、国別という縛りを無くす代わりに、地域や民族の背景を背負ったプログラムであることを担保するという考え方は、納得できるものであり、すんなりと受け入れられた。

もちろん、日本を含めた各国の工学教育プログラムを構成してきた専門科目には、技術者「倫理」に関わる内容があちらこちらに散りばめられていたことは間違いない。しかしながら、カリキュラムの上で、ある専門の領域を間違いなく担保していることを分かり易く示すには、その領域の名前を冠せた科目を設けておくのに勝る方法がないのもまた、確かなことである。工学教育プログラム全体から見た場合のウェイト（単位数など）は決して大きくないものの、これまで、あちらこちらに分散していた技術者倫理の内容が集められて、せいぜい1〜2科目の中に集中させられるとなると、「各論」の枠内で取り上げられていた時とは、明らかに境界条件が異なることになる。新設される「技術者倫理関係科目」が如何にあるべきか、に関して、高等教育機関で、また、学協会で、喧（かまびす）しい意見が交わされるのは、当然の成り行きであった。

◆2−3. 工学教育を統括している組織は？

ワシントン協定

工学教育プログラムの認証評価を管轄する活動の元となったのは、1989年に締結されたワシントン協定（Washington Accord; 略称 WA）である。設立当初の加盟国は、米国、カナダ、豪州、ニュージーランド、英国で、英語を母国語とする5か国であった。その後、徐々に増えた加盟国・地域の総数は2022年現在で17だが、このうち7つがアジア圏に属しており、更に現在、加盟を検討しているアジアの国・地域が4つもあるのが目に付く。なお、日本がWAに正式に加盟したのは2005年のことであった（日本技術者教育認定機構; 略称JABEE）。

米国の認定機構（ABET）は、教育プログラムばかりでなく研究プログラムを提言する役割を持ち、後者に対し、ワシントン協定加盟の17か国をはるかに超える多くの国・地域からの参加を得ていることが、他国の認定機構と異なる特徴となっている。この一事を取っても、WAが米国の国家戦略の一環として仕掛けられたものであることは、容易に見て取れるだろう。当初の協定加盟国であった、英語圏の5か国すべてにメリットがあるのは間違いないとはいえ、最大の受益者が、5か国の中で一番人口の多い（約3億2000万人）米国であることは疑いを容れない。

一方で、WAへのヨーロッパ圏からの参加は少ない。非英語圏が大勢を占めるとはいえ、母国語が英語との近似度が高く、かつ、多くの国で英語が準公用語として使用されていることを考えると、意外に思われるのではなかろうか？これは歴史的に見て、大学に工学部を置かない習慣が、多くの国や地域で長期にわたって続いてきたことに加え、一般的に、国内で別の大学に移動する

際のハードルが低いことにより、認証プログラムを持つか否かが入学者の動向に直結しないことが原因であろう、と筆者は考えるものである。もちろん、英国のように、教育を国際的戦略の一環として位置付ける国の、協定への加盟は今後も続くであろうが。

英語圏の国と非英語圏の国、それぞれのメリット

　いずれにせよ、これは、リンガフランカで優位に立つ英語圏の国（特に米国＝WAへの当初の参加国中人口が最多）の学生たちが、世界中で活躍し易くすることを、プライマリー・ゴール（第一目標）に持つ仕掛けだと考えられる。同等の教育プログラムなら、留学先で自分の母国でのものと「等価の単位」を取って履修を完成させて、卒業要件を満たすことが可能となるからだ。加えて、英語による授業の開講は、国際化の下では不可避（大学院レベルでは既に日本でも導入済み）だから、必ずしも「現地語」をマスターする必要は無い。

　英語圏の国から見た場合のターゲットが非英語圏で、かつ、多くの人口を抱えるアジア圏であることは見易い。それなら、アジアの側から見て、協定に参加するメリットは何であろうか？工学教育の「平準化」は、米国の拡大戦略に基づいてさりげなく広げられつつあるのは確かであるが、逆に言えば、工学教育プログラムを導入し認証を受けてさえおけば、プログラムに属する個々の講義の「国際通用性」を証明する指標として利用できる、ということでもある。

　言うまでもなく、人口の少ない国ほど、ドメスティックな商売だけでは国を「保たせる」ことができず、大学卒業生が「国境なき職業人」として活躍できるか否かが存廃に直結することになる。だから、認証プログラムを持つ大学が持たない大学よりも、将来の夢を叶えてくれそうだと判断されて、学生に選んでもらえるならば、疑いなく利用価値が高いと言えることになる。工学系の場合、認証プログラムの大事な一環を占めるのが、技術者倫理関係の科目だ。

　筆者としては、「倫理や哲学」に関わる専門科目は、遅かれ速かれ、工学以外の分野でも、導入が義務付けられることになるのではないか、と考える。

ハリウッド・システム

　WAに基き各加盟国は、プログラム認証に関わる、独立機関の実働組織を設ける義務を負う。認証における基本方針は、事実上の議長国である米国のABETから勧告が出され、それに対して加盟国の機関（日本の場合はJABEE）が、各国の特殊事情も考慮しながら具体的に肉付けし、加盟国の承認を得て実施に移される。このような手続きを経ることにより、いちいち米国（などの英語圏国）に英語版の資料を携えて出向いて受審する必要が無くなり、国内での受審で充分「お墨付き」が得られることになっている。要は、WAを根拠規定とする、ハリウッド・システムの一種と言える。

　ハリウッド・システムとは、元々、映画人が世界的に有名になるための拠り所であったものが、その後、いろいろな分野に拡張されたものの総称である。筆者がまだ学生だった頃、英国で、映画人の記念切手が発行された。名前を挙げると、チャールズ・チャップリン、アルフレッド・ヒッチコック、デビッド・ニーブン、ヴィヴィアン・リー、ピーター・セラーズの5人で、いずれもハリウッドで名を挙げ、世界的にも著名な人たちである。日本人の俳優さんで言うと、古くは早川雪洲、最近では渡辺謙が代表的な例と言える。実例をこの程度挙げれば、本家の「ハリウッド・システム」を理解するには充分だと思う。

なお、映えスポットの元祖ともいうべき「例の看板」は、元々は地元の不動産会社（Hollywood Land）の宣伝用のものであった。今では日本各地の小高い山や岡の上にこれを真似た看板が林立しているのは周知のことである。福井県内では、メガネフレームの国際的産地・鯖江市郊外の山上にある、メガネのロゴと SABAE の文字をあしらった電光看板（通称は SABAWOOD）が、鉄道や高速道路の車窓から良く見えることで、特に有名である。

有名な HOLLYWOOD の看板

要は、母国では体験できない環境（すべてが理想的に配置され利用可能な状態に置かれている）とその中での人間どうしのつながりを経験するという「研修」を行なった、というお墨付きをもらうシステムである。一部の人たちはシステムに「乗って」その場で更に上昇する機会を掴む。残りの大部分の人たちにしても、母国に帰った後、システムの経験者（＝合格者）として尊敬され、それをもとでとして「出世」していく、という仕掛けである。

実験科学の分野では、博士号取得後、外国に博士研究員として留学することがマストとされているが、これが「ハリウッド・システム」の一種として機能していることは、容易に見て取れるだろう。

ABET に属するプロの集団が立案した、教育プログラムの編成と認証評価に関わる理想案を、加盟国の実働組織が実現・維持することにより、各国の教育プログラムを標準に合わせ続けることができる。いちいち「ハリウッド」（この場合は米国）に赴かなくても、行って受審したのと同等の結果が、加盟国の国内で受けられて、お墨付きを得ることが可能になる訳であるから、至って合理的、うまい方法だと思う。

当然ながら、数年に一度、教育プログラムがきちんと運用されているかどうかについて、審査（継続）を受け、「お墨付き」を更新する必要がある。本項の最後に、2つの acronyms がどういう意味なのか、フル表記を掲げておこう（図3）。

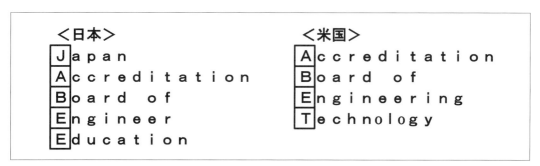

図3　JABEE と ABET の英語によるフル表記

日本のJABEEが教育認証に特化した組織であるのに対し、米国のABETは教育に加えて研究も管轄する組織であることが、名称の違いに表われている。「技術」を意味する代表的な単語2つ（EngineeringとTechnology）が名称に含まれている点に注目されたい。

◆2－4. 工学教育プログラムが認証されることによるメリットは何？

認証を受ける付加価値は？

　ABETやJABEEを始めとする、WA加盟国にある認証機関の任務は、申請のあった工学教育プログラムを、カリキュラム編成が妥当か、各科目がシラバス（授業計画表）通りに実施されているかどうか、などに基いて審査を行い、認証するかどうか、決定することにある。

　プログラムを走らせている高等教育機関（大学）にとってのマストは、開講科目の内容・レベル・採点基準などを、当初に認証を受けた方式を「厳守」しつつ、認証を受けた全期間（通常6年間）にわたって継続することである。また、開始から3年後には中間審査がある。当然のことながら、プログラム内容の変更は、プログラムに対して再度、認証を受ける時点までは行うことができない（選択科目の追加のみOK）。いずれの時点の審査においても、客観的なデータが必要なので、教材・テスト・配点・成績一覧などについては、証拠（エビデンス）として収集を継続しながら、受審に備えることになる。

　この、一定期間内では、当初に定めた方式を守り評価を続けている、という事実が教育プログラム、ひいては、高等教育機関（大学）そのものの信用に繋がることになる。実を言うと米国では、高等教育機関を個人で設立することが、自由に認められている。但し、学生側が、自分の将来の「夢」をかなえてくれそうだと思ってくれない限り、入学者が集まらないことは、洋の東西を問わず、共通した現象である。だから、米国だとABETによる認証の有無が、入学者が大学を選ぶ際の判断のために大切な拠り所となっている。

　これに対して、日本の場合は、高等教育機関を設立するためには、文部科学省に対する、複雑な書類手続きと、学校の実地検査を経て承認を得る必要がある。ということは、工学教育プログラムの認証の有無とは関係無しに、予め、受験生から信用されていることになる、と言えるだろう。入学試験（日本ではほとんどの学校で課される）でどこを受けるかを決める要素は、何の勉強をしたいかがまず第一で、そこへ、偏差値と所在地が加わる。工学教育の認証プログラムが走っているかどうか、で大学を選ぶ受験生の話題は、ついぞ耳にしたことが無い。

　日米両国の学校制度の違い（設置の過程と入学者の選抜方法）がプログラム認証に対する真剣さの差に繋がっているとも考えられよう。

卒業時にもらえる資格は？

　認証プログラムの要件を満たすように単位を修得すれば、学部卒業時に、学位記や成績証明書といっしょに、プログラムの修了証を受け取ることになる。但しこれは、専門に基いて、具体的に何らかの社会的活動を行おうとする際の、証明書ではない。技術士が、他の国家資格と異なる最大の特徴は、認証プログラムを持つ高等教育機関を修了しても、国家試験の受験資格が手に入らない点にある。社会に出てからの実務経験の有無が問われるからだ。一定期間以上現場に出て

実務を行うと、「技術士」の本試験を、教養科目は免除される形で、受験できるようになる、ということは、認証プログラム修了時は「技術士補相当」であると認定されているはずであるが、それは「修了証」には書かれていない。

　これは、技術士という国家資格が昔から存在し、制度化されている以上、「途中参加組」として大卒者をその流れへ合流させる際には、当然、実務経験の有無が問題となるからである。換言すれば、大学卒業時に「技術士補」を資格認定できるようにするためには、在学中に実務経験を持つ必要がある。あいにく、実務経験の大部分は大学卒業に必要な単位としてカウントされないため、技術的に見て、5年制のカリキュラムが必要ということになる（早稲田大学などでは、技術士に特化したコースが設けられている）。

　日本では、技術士という国家資格を重視する企業が多数派ではないことに加え、新卒一括採用の慣習が定着している。就活の段階で、大学を4年でなく「5年」かかって卒業（見込み）という事実が不利なトレンドとして評価される傾向が強いため、5年制のカリキュラム自体は素晴らしいアイディアであるものの、広がりを見せるには至っていない。

3 教育プログラム認証の光と影

◆3－1. 米国の本当の狙いを考察する

「敵」について帰納法的に研究する米国

　前に、「綺麗（きれい）な花には棘（とげ）がある」という昔からある格言を引き合いに出したが、表向き反対がしづらい「改革」がいくつか重なると、一連の仕掛けから、いわゆる「連環の計」が起動し、本当の狙いが奏功する可能性が高まる。ここでは、その点について少しばかり検討して見よう。

　WA に英語圏5か国が加盟し、国際的な認証がスタートした1989年、日本はバブル経済の絶頂にあった。筆者は1985年春に博士号を取得した直後に米国の大学に留学したのだが、研究室の同僚に初めて買い物に連れて行ってもらった際、家電をはじめとする工業製品で、米国製は軒並み、日本製の2倍近い値札が付けられているのを見て驚いた記憶がある。後から振り返ると、グローバル化の進展する中で、米国国内での製造業が苦しくなりつつあった時期に当たっていたのだ。筆者は1990年にも同じ大学を再訪する機会に恵まれたが、状況は更に悪化し、大学職員にレイオフが敷かれる事態（要は勤務時間の短縮、当然減給）に立ち至っていた。

　当然、米国（連邦政府）は手を拱（こまね）いて見てはおらず、数多くのシンクタンクを立ち上げ、打開策を検討した。その素材となった幾多の「切り口」をまとめた形のTVドキュメンタリー「1945年以降の日本（原題 = Nippon: Japan since 1945）」という1時間の番組が、8回連続（だったと思う）で放送されたのも、ちょうどこの時期であった。なお、番組の一部は、現在でもYouTubeで観ることが可能なので、興味のある皆さんは是非観て下さい。

日米で異なる大学院進学時の学力

　さて、米国では著名な大学であっても、日本で行われているような入学試験が課される機会は少ないため、大学入学時の学生たちの基礎学力には、かなりの幅がある。日本と違うのは、そこから学生たちを学部の早い段階で、向き不向きのフルイに掛けつつ徹底的に鍛え上げられるように、高等教育システムが構築されている点にある。

　システムの鍵を握っているのが、近年、日本でも多くの大学等の高等教育機関で導入されるようになったGPA（Grade Point Average）だ。周知の通り、これは、成績評価ごとの点数（秀 =4、優 =3、良 =2、可 =1、不可 =0）に単位数を掛けたものの合計を、受講登録した総単位数で割って平均を求めたもの（最高 =4.0、最低 =0.0）である（図4）。米国の大学では日本と異なり、GPAが2.0（要は平均で「良」）以上でないと卒業できないことになっている。従って、期末試験に合格しても「可（=1）」が続くと、学部の早い段階で卒業は絶望的となる。そこで、日本のような退学→再受験ではなく、転校による「不可」の切り捨てにより、GPAの数値の改善を図ることになる。なお、再スタートに当たっては、単位認定を受けていても評価が「可」の科目は再受講することが可能であることを付け加えておこう（日本では、3年次編入学生の認定単位に当たり、教員免許取得などで必要な場合にのみ行われる措置となっている）。

$$\text{GPA} = \frac{\Sigma(\text{受講登録科目の評価点}) \times (\text{単位数})}{\Sigma(\text{受講登録科目の単位数})}$$

(GPA: Grade Point Average)

図4　GPA の計算式

　米国の大学の AO（Admission Office）は、学生の転校等により学籍が空いた分、登録済みの転入学希望者のうちで成績上位の者から、入学許可を与えることになる。これにより、いろいろな専門部局が求める適性を備えた学生の集団が、学部段階で整えられることになるのは見易い。

　一方、日本では、入学試験を課す大学がほとんどなので、入学当初の基礎学力は高いものの、その後、「5月病」をはじめとする中弛みの時期が学部在学期間中に起きる。結果として、ウサギとカメの童話のように、大学院入学の時点で、米国のトップグループの学生に追い抜かれてしまうようになる。但し、米国では真に優秀な大学院生が少数精鋭なのに対し、日本では、中の上くらいの大学院生が多数育てられる、という違いがある。入学後の成績が伸び悩む中で、何故このようなことが可能なのだろうか？

日本の大学教育システムの秘密・・・無法の横行

　前項で述べたような疑問を持った米国の教育専門家は、日本の大学教育の中身がどうなっているのか？に注目した。その結果、米国では授業予定表（シラバス）が学期当初に配布され、それを見ながら学生は履修する科目を決めるのに対し、日本ではシラバスを学期に入る前に学生に提示する習慣が、調査当時には無く、第1回の授業の際に予定表（らしきもの）は提示されるのだが、それを厳格に守って講義が進められるわけではない、ということが明らかとなった。要するに、日本では年度ごとに、受講する学生の反応や実力の付き方を吟味しつつ、内容を手加減しながら講義を行っていたのである。もちろん、カリキュラム全体も同様のやり方で、進められることになる。

　しかも、それぞれの講義科目で取り上げられたジャンルを、自分の専門としようと強く意識する学生（少数）向けに、非常に高度な内容（研究結果を含むことが多い）を組み込みながら講義を行い、終了後、質問に来る学生には更に特別課題を渡す、という「無法」も、旧帝大を始めとする大規模大学で横行していることが確認された。これは、緩やかなセレクションをチューター方式（英国の大学で広く行われている）に繋げており、適性を持つ学生に「多く読ませる」教育を課すことになるので、研究室へ配属するまでに「力」を付けてもらうためには、打ってつけであろう。

　ただし同時に、その講義科目が「お目当てでない」大多数の学生たちに対する手当てもしなければならない。通常行われるのは、真面目に講義を聞いてくれている学生には、期末試験での最低合格点を保障することである。当然、採点基準も毎年度、変化することになるのだが、これは、ある専門に向きの良い学生をリサーチしスカウトするためには、極めて合理的な方式であったと言える。昔は地方大学には大学院の博士課程が無く（福井大学もそう）、従って、教員候補生を自力で育てることが出来なかったから、教員は、大規模大学から送り込まれる場合が殆どであった。その結果、全国的に、同じ「才能発掘システム」が行き渡ることになったのだ。

米国による仕掛けと効果

　以上が、日本の修士（＝博士前期）課程修了者が平均的な米国の博士を上回ることを可能ならしめた正体である。彼ら彼女らは、産業界の幹部候補生となって活躍することにより、日本に繁栄をもたらしていた。となれば、日本の勢いを食い止めるには、このような教育上の「無法だが効果的な方法」を、二度と行い得ないよう、リミッターを掛けてしまうのに勝る方法はない。相手に気づかれないよう、段階的に少しずつ、「地雷」を仕掛けて行ければベスト、ということになるだろう。

　残念なことに、日本の教育学者には、米国を教育先進国だと考え、神のように崇（あが）める人たちが多く含まれる。この人たちをうまく利用して、「反対しづらい」原理や方法という名の「地雷」を、日本にひとたび植え付けてしまえば、長らく米国を苦しめて来た日本の大学教育システムは、ワーグナーが楽劇「ニュルンベルクの名歌手」の中で親方ザックスの歌詞としていみじくも表現した如く、「（諸民族を苦しめて来た）神聖ローマ帝国と同様、靄（もや）の如く消え去る」ことになるに違いない。実際、その後の経緯は米国の目論見通りに動き、現在に至っている。「地雷」の代表的なものは以下の4つである。

　A. シラバス
　B. テストの結果の素点による報告
　C. 相互チェックの強化
　D. GPA

順次コメントを加えて見よう。

A. シラバス

　カリキュラムの国際平準化を目指すに当たり、グローバルスタンダードの1つとして、学期開始前に学生に対して明示し、教員はそれを守って授業を行う方向が示された。やがて、教員の所属する大学側が、シラバスが実際に守られているかどうか、学生の授業アンケート等を通じてチェックを入れるようになった。その結果、以前のように「非常に高度な内容」を盛り込むことは、当局にすぐ見つかってしまうため、実施が困難となった。

B. テストの結果の素点による報告

　かつては、100点満点で大学生の成績を付けていたのは、学生全員が入学時は教養（系）学部の所属で、そこから専門課程への進学振り分けを行うような少数の大学（北大や東大など）に限られていた。大部分の大学では、秀・優・良・可・不可の5段階か、レポートなどの場合だと、A＋〜D－およびFの13段階かで表記した成績を報告すれば良かったから、期末試験の採点後、その年度の点数分布に応じて、事後的に改変（例：$10\sqrt{X}=10$ルート・エックスと読む、など）して「真面目な学生」を救済することが、いくらでも可能であったのが、事実上阻止された。やがて、答案用紙の保存義務が課されるようになり、期末試験の内容や配点の抜き打ちチェックが常態化したことが、ダメ押しとなった。

C. 相互チェックの強化

　学生による教育アンケート実施による、相互チェックの整備は、これまたグローバルスタンダードの一環として導入されたものである。教員が学生を評価するだけでなく、その逆も可能にし、学生からの意見を授業に活用するという考え方は、一見良さそうに見えるのだが、日本をはじめとするアジアの風土にはなじまない。大学だけではないが、成績がパッとしない学生の大多数は、匿名であることを幸い、不満のはけ口として教育アンケートを利用する傾向があるので、教員による特定の授業内容に限定して意見を述べる、という大前提が守られないことが多い。

D. GPA

　異なる専門(学部・学科)の学生の成績を公正に比較する必要がある場合(奨学金返還免除など)、唯一、客観的に用い得る指標である、という大前提は正しいのだが、授業のレベルの設定の仕方が極端に違う場合には、信頼のおける結果は得られない。加えて、大学から大学へと転校する習慣に乏しい国(日本もそう)の場合、最高点が4.0である減点法として機能することになるから、学生たちの学修に影響が出る可能性大である。

影響

　以上挙げた4項目(探せばもっと沢山あると思いますが)だけからでも、本来の授業計画から逸(そ)れて一部の学生向けに高度な内容を盛り込み授業を行うことは、いろいろなチェックが入るため困難になったことが分かる。日本の大学教育の方式は、明治の初めにヨーロッパから取り入れられたものが基礎になっていたため、太平洋戦争後、米国式の一般大衆向けの大学が多数作られるようになってからも、大元の方式(チューターなど)がある程度、残置されていたのであるが、ここで事実上、姿を消すことになった。

学生の母集団が殆ど変化しない日本の学校環境：減点方式の弊害

　一方、成績による席次は、総合計した数値(GPAを求めるため登録総単位数で割り算する前のもの)を用いた「加点方式」であったから、入学当初に成績がぱっとしなくても、あとからたくさんの科目を取って挽回することが充分可能であった。これに対し、GPAは平均値なので、最高4.0からの減点方式となり、出だしで低空飛行してしまうと、あとから挽回することは覚束ない。当然、学生としては、平均点を落とさないように科目選択を行うから、卒業に必要な最小限の科目しか履修しない傾向が強まる。上級生の学年での開講科目を、特別許可をもらって早期に受講しようとする進取の精神も、低い評価が足を引っ張ることへの恐れから弱まることになる。言い換えれば、大学生が学部の期間に高度に力を付ける可能性を、効果的に抑制できることになる。

　福井大学でGPAが全学的に導入されたのは2016年4月である。当初は皆無だったのだが、導入から2年経ったあたりから、講義時間中にレポート返却を行うと、自分のレポートが無い、という申し出がしばしば起きるようになった。筆者が学生の頃には、良くできる学生のレポートのコピーを入手する努力をしたし、ハリウッド映画やTVドラマほどではないものの、コピーを売って生活費に充てる同級生も確かに存在した。しかし、最近起きている事象はこれとは異質なように思われる。成績評価が減点方式で、母集団が殆ど変化しないような環境の下では、その中での

自分の成績順位（相対的）を上げるためには、「自分が努力して力を付ける」以外に「他人の評価が下がるように細工する」という選択肢があることに、気付くな、と言っても無理である。

個人主義の浸透の結果、高等教育を受ける段階で親による子供への支援が打ち切られることが当たり前となっている欧米社会と異なり、日本では、親子相互のパラサイト状態が延々と続くことが知られている。親が子供に学費を出すのは「投資」という意識が強いから、途中から頭角を現した「よその子」が割り込むことは、リターンが阻害される可能性が大きくなるため嫌われる。学校を積極的に移動することは、本来は上昇志向であり、社会の発展のためにも望ましい現象なのに、これに対して「学歴ロンダリング」という言葉が容赦なく浴びせられることは、病根の深さを反映していると言える。

加点方式で築かれて来た学校環境の破壊

加点方式であれば、自分の弱い部分を相互にカバーして盛り立てようとする機運が生じやすい。俎上に挙げられたいくつかの科目だけで「運命」が決まるものでなく、受講というゴールをどこに設定するか次第で、自力で成績順位を、いくらでも上げられることが分かっているからだ。減点方式に切り替わった結果、こうした「相互扶助」の空気は希薄にならざるを得なかった。加えて、新型コロナウィルス禍下で、学生生活で他者とコンタクトする方法が、殆どリモート方式に制限されたことは、潜在的に弱点を抱える学生たちに、しばしば致命的な影響を及ぼすことになった。実験レポート（15種目の実験が1つの学期で実施されるなら15通出す必要があると思っていただければ良い）が何通か未提出・未完了のため、単位を取れない受講生が急増したことは、そうした影響の1つの反映と言えよう。

結論として、日本の大学教育システムを弱体化させようとして米国が仕掛けた戦略・戦術は、見事に成功したと言えると思う。「工学教育プログラムの平準化」という錦の御旗はあくまでも囮（おとり、英語では燻製のニシンと呼ぶ）であり、グローバルスタンダードの衣装を纏（まと）った、アジアの国に不向きの評価システムを構成する各個の「地雷」が、本当の犯人であると言えよう。

◆3－2. 化学系の事実上のサボタージュによる？地雷の不発化

トロイの木馬を城内に引き入れた日本

日本の大学教育を弱体化させる目論見が成功した理由は、仕掛ける側の戦略・戦術が優れていたからだけではない。受け入れる側にも、容認するだけの下地が、元々あったことが大きかったと思う。

いろいろな評価システムをデザインする人間に共通するのは、（自分自身が低く評価されるのを避ける歯止めを盛り込む点を別とすれば、）「これでうまくやりおおせる」という信念である。「これ」が考え方として正しいか、間違っているかについては、評価システムをデザインする前に、既に議論が尽くされている「はず」であるから、出来上がったシステムを踏まえて、あらためて「正邪」について蒸し返されることは、通常ない。

工学部では、「数学が大事」という考え方は、温度差はあるものの、分野の違いを超えて支持されている。福井大学工学部では、後期日程入試で筆記試験を全学科で課す変更を行った際、試験

科目として数学がセレクトされたことは、記憶に新しい。日本国内でJABEEを受け入れるのに積極的だったのが、数学をベースとする学科（等）の組織であったのは、偶然ではない。それは、数字ですべて「評価し尽くせる」という信念を持つ人たちの集まりであったからである。仕掛ける側も受け入れる側も、「何とかなる」信念を持つ者同士であり、こうした場合、説明困難だが相手に対する「謎の信頼」を持つことが多い。但し、普通なら良い方に働くことの多いこの信頼は、当事者の一方が思惑を秘めていたため、悪い想像力を働かせることができなかった（日本人はこれが多い！）側は、本質的な弱点を突かれ、致命傷を受ける羽目に陥ったのである。

怪我の功名？だった実験系の対応

　JABEEに対する自然科学の実験系（化学系・物理系）の動きが鈍かったことは、前にも触れた。化学反応は一般に危険で、正常な状態から外れたことが起きた場合に速やかに的確に対応すること、いわば、表層的な危機への対応が絶えず求められる。その理由の大なるものは、化学系の学問には、数物系の学問の場合に誰もがベースとして取り上げる分野（数学・物理学）が欠けている点にある。要は、化学系では誰もが共通して取り上げる「芯」がなく、言って見れば、人文社会系の学問と似た性格（東は東、西は西）の世界なのだ、ということを認識しておく必要があるだろう。こういう領域の場合、一定のインプットを行ってもアウトプットが一定になることは期待できない。だから、採点基準を動かすのはおかしくない、という議論にも繋がることになるだろう。

　化学系の人たち（筆者を含め）は、共通の信念こそ欠いていたとはいえ、「黒船」がもたらしつつある評価システムが、自分たちの分野になじまないばかりか、学生たちを個性に応じて更に伸ばすという、高等教育の大切な目的にもマイナスに働きそうであるということを、本能的に自覚していた。だから、四の五の言いつつ、認証というプロセスに参画することに背を向け続けてきたのである。必ずしも積極的な行動とは言えなかったかも知れない。しかしながら、評価システム自体を白紙状態から見直す先兵として、近い将来には、高い評価を受ける日が来るかも知れない。ご先祖から受け継ぎ培（つちか）ってきた本能というものは、案外バカにならないものだと、筆者は考えるものである。

◆3−3. 中国の抬頭と米国の誤算：国際平準化の将来は？

中国の抬頭による国際標準化への影響

　前にも述べたように、認証プログラムを持つ高等教育機関は、「国際通用性」を持つと判断して差し支えないことになってはいるが、それは正直な話、受験生や在学生には関係ない話、というのが日本の現状である。国際通用性を主張する必要があるのは、国、具体的には文部科学省であり、予算獲得のためのいわば殺し文句として機能してきたという意味合いが強い。それは実の所、ハリウッド・システムと全く等価のやり方でプログラムが認証されるという、正にその一点で支えられた、砂上の楼閣（古い！）と呼ぶべきものであった。ハリウッド・システムは、長年に渉り米国に多大な恩恵を与えてきた。ところが、近年それは崩壊の兆しが顕著になったと認められる。原因は、人口と経済規模で、アジアのトップに君臨する中国の存在による。

　中国は、まだWAには加盟していない。香港と台湾が加盟したままで中国の加盟を認められるか、

という微妙な問題も去ることながら、手続きが進行しないで滞っている理由は、この件に対する米国の態度の変化にも関係がある。

　当初、米国は、日本の快進撃を抑えるパートナーとして、中国に絶大な期待を掛けていたフシがある。理由は、主語－動詞で構文を作る語学の特徴が、英（米）語と中国語で共通している点にある。

　言語において、単語や構文の共通性の多くは、歴史的に見てある時点で分岐した名残である場合が多く認められる。国際通用性（リンガフランカ）のある言語として英語が認められているのは、古代に使われていた元の言葉からの分岐で派生した現行の言語には、いろいろな点で英語との共通性が認められる以上、母国語から出発して英語を使うことへのハードルが高くないからである。一方、東アジア地域でも、朝鮮語と日本語が元の言語が分離したのは、今から約6000年前とされるが、現行の言葉で同じ内容を書き並べて見れば、高い共通性が明らかに認められるのは周知の通りである。

　これに対し、後天的に言葉や構文で類似性を示すようになることも多々ある。それは、その言語を使用する民族の価値観や国民性の近似度に基いて決まってくる部分ではないかと考えられる。その点、英語と中国語は、主語（名詞）の直後に動詞が来るという点で共通性が高い。それは、政治的体制の違いを超えて、一人の超人的なリーダーが国の運命を背負うという、国家のありかたの共通性を反映しているからだと思う。カルチャーが異なるとはいえ、結局は同調し、米国にとって役に立つシステムを構築してくれることを期待したのは無理もない。

外れた米国の目論見

　日本を「脅威」と考えた米国が、ある意味「保険」を掛ける意味で、言語の構文上で英（米）語と共通点を持つ国・中国をパートナーに選んだのはこうした背景に基くものと考えられる。当初の予定では、大方針を提案するのが米国、そこから支持を与えるのが中国で、日本はそこから押っ取り刀で賛成して参加する、というような「制御」を考えていたはずである。ところが、事態は米国に好都合な形には収束しなかった。

　理由は、中国は人口が多く、かつ、専制体制の時期が長かった国家の特長として、多くの人材を適所に能率的に振り分けて行くスタイルに基く才能開発システムが、以前から発達していた点にある。その結果、研究体制のピラミッド構造システム（化学系だと、資金提供者－メインの研究者－サブ研究者－ピペド、となるだろう）を、米国よりうまく構築することができ、米国のとは別個のハリウッド・システムを、東アジアは中国の地に見事成立させた点は疑う余地がない。当初の米国の読みは、ある段階までは間違いなかったと思うのだが、民主主義がいつでも専制体制に勝る、という保証は無い。ハリウッド製のSF映画のモットーとして著名な、「最後は米国が勝つ」を過信することは無かっただろうか？

理化学研究所の雇止め「事件」の真の教訓

　ここで日本に目を転じると、かの有名な理化学研究所で、数百人規模で研究者が雇い止め（言霊（ことだま）による言い換えの1つで、要するにクビ）になることが報道され、喧（かまびす）しい議論が巻き起こったことは、記憶に新しい。しかし、時限付き研究者の肩を持つ言説のみ多

いのは考えものであり、雇用者側の発言も取り上げた上で考察しないと、「まっとうな落としどころ」は見えて来ない。私は、この事例を敢えて「事件」と呼ぶことにするが、日本人の横並び意識を背景に、長年にわたり、特に検討を加えられることもなく是とされてきた、「国民みんなが小さな科学者」という幻想が、明確に否定された瞬間と考えるものである。

　先に掲げた研究体制のピラミッド構造システムが現実の姿であることは、誰もが知っている。しかしながら、今から研究室に勧誘しようとする若者に、「悪くするとピペド」などとは口が裂けても言えないし、示唆することさえもご法度であろう（これも言霊の一例）。そんなことをしたら、誰も来てくれなくなる。日本では、職種の区分けごとに仕切って早い段階から人材養成を行うことは、平時だとなじまないので、後から、自発的に分かれて行くように、さりげなく仕向けているのだが、それも既に限界に達していると見られる。今後は、好むと好まざるを問わず、研究体制のピラミッド構造が必要悪として不可欠であることを、子供の時点から理科教育に盛り込む必要があるのではなかろうか。

◆3－4. ギフテッド教育とドロップアウトの取り扱い

キリスト教国としての米国

　米国は白人種を主体とする建国（1776年）以来、まだそんなに長い歴史を持っていないので、自らの手で歴史を造って行こうとする意識が強い。例として、アメリカンフットボールの大学対抗の定期戦を、毎年毎年、出来るだけ長い期間続けようとする報道が、数多く見られることだけでも、それは明らかである。参考までに、筆者が博士研究員としてフロリダ大学のKatritzky研究室に在籍していた時の大学アメフトのスケジュールを表3として挙げておく。フロリダ大学は、同じ州内にあるフロリダ州立大学、および、隣接州にあるジョージア大学と、毎年必ず対戦が組まれることになっている（現在でも）。

1990 UF Football Schedule	
Sept. 8	OKLAHOMA STATE
Sept. 15	Alabama
Sept. 22	FURMAN
Sept. 29	MISSISSIPPI STATE
Oct. 6	LSU
Oct. 13	Tennessee
Oct. 20	*AKRON
Nov. 3	AUBURN
Nov. 10	Georgia (at Jacksonville)
Nov. 17	Kentucky
Dec. 1	Florida State
Home Games in CAPS	
*Homecoming	

表3　フロリダ大学のアメフトスケジュール（1990年）

いわゆるギフテッド教育（「神童」に対する特別なプログラムで、専門分野としては数学が多い）にしても、当初のスカウト時点では、30人に1人（日本だと小学校の1つのクラス当たり1人という目安）だったものが、3億人（10億人という説もある）に1人とされる本物の「天才」へと絞り込まれる過程で、プログラムに参加したほとんどの子供たちは、遅かれ早かれドロップアウトする時期が来てしまう。いわば途中下車した人材でも、一般のレベルに比べるとはるかに優秀である以上、その能力を社会で活用してもらうべく、ソフトランディングすることにより軌道修正して社会人となるために、色々な工夫が成されていると聞く。もちろんそれは、すべての才能は神様から与えられたものという信念に基づくものである。

中国の持つ価値観とは

　中国は、これとは異なる宗教観・価値観を持つ国である。日本で行われるギフテッド教育では良く起きることだが、ドロップアウトした生徒の取り巻き（主として親）が、指導者に対し、将来に向けて何らかの「保証」を要求する事例を耳にされたことはないだろうか？社会が個人でなく家族を中心単位として成立している場合に、否応なく起きてくる話であり、東アジアの文化圏でも共通して見られるはずの事象であるが、中国からはとんと聞こえて来ない。

　筆者はポスドクとして留学中、同僚だった中国人たちから聞いたことがある。これは、生徒をドロップアウトした分野から完全に除外しターンオーバーさせないシステムが働いており、それがキリスト教文化圏（米国）よりも完璧に行われていることを表わす。要は、中国の人たちは米国よりも実際的に動くのだ。それは、人口が多く、「替えはいくらでもいる」ことから自然発生し定着したものであろう。強いリーダーがみんなを率いて進んで行く場合、昔は同じくらいの能力と社会的地位であっても今は大差である誰かに、昔のことを持ち出してすり寄って来られることを回避したいと思うのは、自然な感情である。筆者のポスドク時代の仲間には、ある時期以降、連絡が取れなくなった人がかなりある。恐ろしい想像をしないで済むことを祈るばかりだ。

役割分担と階層化

　現代は、数値化した上で速やかに一義的に決定して示すことが尊ばれる価値観が支配する社会である。新型コロナウィルス（COVID－19）禍下を経験したことで、その傾向は一層加速された。米国は食い切れない大きな餌にかみついた小動物とも言える。結局は力及ばずで、大きいのに食われてしまうことになるだろう。化学の研究では、進行状況に応じて、「季節労働者」を雇い入れるのがベストという時期が、どんなプロジェクトでも訪れるものであるが、日本は短期の契約雇用を終わる時にトラブルが生じやすい国であることは周知の通りである。契約書上の不備もあると思うが、契約という法治に基く方式が、情念中心に動きやすい日本の風土に合っていないことも、原因であろう。

　中国は、役割分担による人材の階層化システムを、米国より完璧に成し遂げた結果、自然科学系の論文生産数では米国を圧するまでになった。論文の内容やこれを可能にしている人材システムより、一般の耳目を引きやすいのは、やはり論文数の多少とインパクト・ファクターの大小であろう。ポスドクとして中国に留学する研究者の卵は、コロナ禍が収束（季節性インフルのレベルに落ち着くこと、根絶はたぶん無理）すれば再度増加傾向に転ずるであろう。

ハリウッド・システムという呼び名が廃れ、「天津システム」のように呼び方が変わってしまう可能性がある。そうなれば、工学教育プログラムの分野でも、中国が指導的な位置を占める時が来ると思う。そもそも「日本を押さえる」目論見で仕掛けを始めた米国は、今後どうするのだろう？今やサイエンスの学術論文の発表数世界一は中国。米国は焦っている。

◆3－5.小括

　筆者は、ワシントン協定（WA）は、伝統的に学部レベルで研究者・技術者を養成するプログラムを有する日本の勢いを押さえることを狙いとして、米国の世界戦略の一環として構想されたもの、と考えている。日本の驚異的な発展を危惧する点で意見を同じくする国々が参加し、中国には（影の）パートナーとしての役割が期待された。しかし、米国人の仕事の場を拡大しようとする狙いは中国の急成長により削がれ、当初の目的を達する可能性は、ほぼ無くなった。しかも、米国の教育市場に逆に中国が進出を窺う形勢となり、まさに、本末転倒、米国はどうするのだろうか？

　第1次世界大戦後、恒久平和を目指した国際連盟の創立を提案した米国は、国内情勢に鑑（かんが）み、結局参加しなかったことを思い出していただきたい。WAについても得意技の「一抜けた」を使う可能性は無きにしもあらずである。国際平準化という概念は、リンガフランカと連結したものではないから、今しばらく、米国の動向を注視する必要があると筆者は思う。

4　社会と技術者

◆4-1. 規格化された社会とリミッター

倫社の思い出

　倫理・社会（倫社）は長らく大学共通テスト（名前は色々変わっていますが）の社会科科目の1つを占めており、高校での授業にも、この文字を被せたものがここかしこで展開されていたのは記憶に新しい。筆者ももちろん、受講経験を持つ世代に属する。筆者の高校での授業は、毎回、いろいろ著名な思想家とその閲歴や業績を紹介し、担当のH先生（「方法序説」の著者・デカルトの肖像画に風貌が酷似していた！）がコメントを添えるというスタイルであった。但し、複数の思想家を相対的に「善悪」または「上下」の尺度から議論することは無かったように思う。だから、訳がわからない科目、という印象が今に至るも残っている。H先生は当時、私たち生徒といくらも年の違わない若さであったから、もちろん今もご健在であるが、高校のOB会等でお目に掛かる度に、忸怩（じくじ）たる思いに駆られて仕方がない。とはいえ、自分が技術者倫理関係科目を担当するとなると、避けては通れない部分であるから、ここは一つ勇を鼓舞して？説明を進めて行きたいと思う。

主観的な議論と客観的な議論

　理科の実験系の学問では、実験結果をはじめとする事実を集めた上で、それに基づいて「客観的な議論」を行うことが可能である。これに対し、倫理系の学問は、根本的に異なり、「主観的な議論」、即ち、比較対象は他ならぬ自分自身ということになるだろう。換言すれば、倫理というのは、まず間違いなく、これを取り上げる個人の人生経験・人生観を反映するものと考えられる。

　文学論にも似たような特徴がある。というのは、人間の生き様を描いた作品を批評する行為を行う際のベースとなるものは、批評を行おうとする人間自身の人生経験であるからだ。一例として、20世紀のクラシック音楽の名指揮者だったブルーノ・ワルター（1876～1962）の名言を、音楽評論家の故・宇野功芳氏が簡潔に表現したものをここに挙げておこう。

　「批評は直観を以て行うべきもので、それは創造の才能と結びつくものだ」

人間社会とリミッター

　人間でも動物でも、個体ではなく集団で暮らす本能を持つ生き物は、自然発生的に「社会」を形造ることになる。この場合、社会は、その成熟段階に応じて規格化された枠組みのようなものを持ち、そこへ参加する者を待ち受けている、と考えるのが自然である。個体で暮らしている時と異なり、社会で暮らす場合には、何をやっても良いというわけにはいかない。そんなことをしたら、集団として機能しなくなってしまう。これを防ぐためには、各個体に対して、ある程度までリミッターを掛ける必要があることは見易い。この、社会が崩壊しないように手当する目的から、自己発現をある程度「値切る」方法としては、TPOに応じて、心得、道徳、哲学、倫理、法律、といった概念があることは、諸兄諸姉のよくご存じの所と思う。まずはここから出発して見よう。

◆ 4 − 2. 心得、道徳、哲学、倫理、法律、何がどう違うのか

心得とは？

　順番に見て行こう。

　まず最初に、人間が個体（個人）で社会活動を行う際に、自らが規範とするものが「心得」である。これは最小単位での倫理の起点と言える。言うまでもなく、みんな自分なりの心得を守ろうとするのだが、果たせない場合も良くあるだろう。自分と他人の心得どうしが干渉し合うからである。但し、干渉した心得が誰のものであるかが明らかであっても、通常、罰則はない。

道徳とは？

　次に、自分と、自分とは異なる活動をしている他人を含む、比較的小さな集団で行われる「拡大版の心得」が道徳である。これは日常的な活動の全般に亙るものなので、日本では、小学校の低学年から授業科目として設けられているのが普通である。心得でもそうだったが、道徳の場合も、人間を超えた存在（神・仏など）を仮想することは、必ずしも必須ではない。

哲学とは？

　今度は、哲学を見てみよう。「拡大版の心得」であることは同じだから、普通に考えたら、そんなに広い範囲に影響を及ぼすことは考えにくいのだが、実際には民族単位で人々の意識の上に長期間、定着している場合が少なくない。何故そのようなことが起きるのであろうか？それは、上で挙げた２つの概念の段階までは考えていなかった、人間を超えた存在を介するものだからである。人間同士で「角（つの）突き合せて」過ごしていたら、個人でも集団でもストレスが溜まるばかりである。神・仏を仮想するということは、人間を超えた存在の前で自らを否定することにより、このストレスをリセットできる、と信じて行動することに他ならない。

　天才児の幸せとは何かを中心に据えて描いた映画、「ギフテッド／Gifted」（2017 年）では、デカルトの「方法序説」を切り口として「存在」、即ち有名な「我思う、故に、我在り」の言葉について、叔父と姪が意見を交わす場面がある。姪は「え、そんなの当たり前じゃないの！」と発言する、その背景には、神様の意識がある。少し前の場面では姪が「神様はいるの？」と尋ねた際に叔父は「わからない」と答えているのだが、これはもちろん、無神論を気取っているわけではない。人間を超えた存在を仮想することが、ほとんど条件反射的に行われるのが、キリスト教国に住む人たちの間では当たり前のことであり、社会はそのことを前提として成立している。特殊な例を引いたように思われたかも知れないが、筆者としては、「神の追憶」という、私たち日本人の立ち位置から見た場合の特異点の存在を、ここで確認しておきたかったまでである。

　科学的に考えれば、生命＝存在とは、「非平衡熱力学」が成立している局所空間ということになるだろう。乱雑さ＝エントロピーの増大分を絶えず外界（宇宙空間？）に捨て続けるからくり、と言い換えても良い。何故そのようなことが可能であるか、一義的な解が得られない限り、「え、そんなの当たり前じゃないの！」で問題を良い意味で先送りする人間界の悪しき？習慣は、今後も続けられることになるだろう。

倫理とは？

いよいよ本題の足元まで来た。

心得、道徳、哲学までは、他者に迷惑をかけたことに対するペナルティーというものは想定されていなかった。仮にあったとしても、ペナルティーを下す主体は、神さま仏さまといった、人間を超える存在であった。中世の教会は、神さまの行いの代弁者であったから、聖職者たちの信念に基づき、ペナルティー（審判）を下すことがしばしば起きたのはそのためである。

コペルニクスが提唱した地動説を積極的に支持する発言をしたガリレオ・ガリレイが異端審判を受けたのはその一例で、理由は、聖書の教えと異なる言説を流布し、世界を混乱に陥れようとしたからだ、とされた。とはいえ、聖書はそもそも、教育が行き届かなかった時代の一般大衆に、神の行いを分かりやすく伝えることを目的として編纂されたものであった以上、科学的事実を必ずしも正確に書き記したものではなかったこともまた、確かである。こうした考え方が広がった結果、この「判決」は比較的最近になって、ローマ教皇自身により取消しの宣言が成された。まさしく合理的思考の到達点として妥当だったと思う。

一般社会は、さまざまな価値観を持つ人たちの集まりであるが、その中で、比較的近い価値観を持つ者どうしが近付き合って共同体＝社会の中の部分集合を形造り、いっしょに行動を取ろうとするのは、ごく自然な姿である。共同体が他の共同体と異なることを明確にし、構成員にしかるべき動きを促すためには、共同体内で何らかの「共通ルール」が必要になることは見易い。これが、「倫理」の原形である。しかし、これだけでは充分とは言えない。倫理として通用するためには、構成員から「妥当だ」とする合理的判断が下されると同時に、常時、変改を受ける余地が残されていることが必要である。しかしながら、このことは同時に、ある種の「不条理」を含むことと同義である。というのは、家庭内での子供の「しつけ」も倫理教育の代表的なものではあるが、多分に主観的・排他的な性格を明らかに帯びるものだからである。共同体内での倫理もこれと一脈通じるものがある。一方で、「イヤだ、つらい」という感情は、共同体から「村八分」的な扱いを受けた全員が持つものではあるが、それを踏まえて共同体に何らかの変化が起きるかというと、多くの場合は期待できず「無風」のままであろう。まさしく、諸兄諸姉の日頃から経験されている通りである。

1つの倫理からの脱出

村八分という言葉は、逆らう「主人公」を抑えることで、共同体の中を安定化させることに利益がある、という判断が人間社会では普遍的となっていることを表わすものであり、つまりは生活の知恵だ。アパートやマンションの建て替えには、かつては住民全員の承諾が必要であったものが、1995年の阪神・淡路大震災以降、5分の4の住民の賛成で可能となるように、法改正された。これも要するに「八分」で、特別多数決の一種である。80％の側の人間にとっては満足かも知れないが、残り20％の側の人間にとっては不満この上もない。この時点で、この共同体を離脱するという選択肢を取ることの妥当性が、頭を擡（もた）げてくることになる。離脱しても、社会に引き続き所属することは確かだとしても、共同体の構成員に適用されるルール＝倫理は、他の共同体に対しては影響を持たないからこそ、可能な選択肢となるのだ。

法律とは？

　共同体を離脱しても、そこで行った行為が反社会的と判断されるものであるならば、共同体を抜けただけで罰を「免除」されるというのは明らかにおかしい。社会の成員である限り、どこへ行っても反社会的なものは反社会的だ、という暗黙の了解の下で、強制力を伴って取られる共通ルールが、法律である。日本国憲法を最高法規とする種々の法律は、現在する日本国民一人一人から承認を得たとは必ずしも言えないものの、こうした大前提の下に作られて施行されている。

　ただし、罪刑法定主義の下で社会が構成されている以上、何をもって罪とし罰するかは、予め明文化されている必要がある。道義的に悪事だと判定される行為であっても、法律に罰則が明記されていない場合は、「的確に裁く」ことは不可能となる。ハイジャックにせよ、テロにせよ、独自の法律が無かった時代には、明治時代の太政官布告で現在でも有効な数少ない法律の一つ、「爆発物取締罰則」しか適用できない、という実例が幾つも存在した。国民感情としては、罪人を見逃すのは許し難いとはいえ、その場で即席に新たな法律を制定することは不条理を含む可能性を否定し得ない以上、法治国家では避けるべきことであろう。つまり、事後に定められた法律を用いて、昔の事件を裁くことは、どこの国でも原則禁止されている。例外は、人類に対する罪と認定されるような重大な場合だけである（ドイツ、韓国などで実例あり）。この場合、認定するという行為が人間の直観に基づくものである以上、乱用を防ぐための注視が絶えず必要となることは、言うまでもない。

◆4－3.技術者倫理とは？

技術者から構成された共同体

　技術者とは、次章でその成立の歴史的経緯を含めて詳しく見て行くこととなるが、要は、科学として捉えられる幾多の現象から、人類の役に立つようなデバイスを具体的に創造することを使命とし、実践している人間の集団である。従って、社会の中で少数派であることは間違いない。その結果、自分たちの存立を保つため、専門領域の違いはあっても、大きな目で見て「プロフェッショナル」の互助組織としての集団を、自然と形成することになるのは見易い。これは疑いもなく「共同体」である。従って、構成員に対して適用される共通ルールは是非とも必要、ということになる。これが即ち、技術者倫理である。

技術者倫理の及ぶ範囲

　倫理の１つである以上、法律とは違い、万能・無敵ではない。影響の及ぶ範囲は、技術者の共同体の中だけであり、同時に存在する他の共同体に対して優越するものでないことは明らかである。影響が及ぶとすれば、技術者全体のグループと、技術者の専門ごとのグループのように、言ってみれば学会本体と専門部会のように、「上下関係」「包含関係」がある場合だけであろう。

　但し、現代では如何なる技術者も学校とか会社とかのお世話になっている以上、学歴や職歴が絡むと、当初の想定を超えて、影響は相当広い範囲にまで及ぶことになるので、注意を要する。

◆4−4. 技術化された社会と技術者の関わり：PDCA サイクル

PDCA サイクルとは？

　技術者が日夜考え実践していることの社会的な影響は、どのような広がりを持つのであろうか？それを分かりやすく可視化してくれるのが、いわゆる PDCA サイクルである。標準的な図表の一つを以下に掲げる（図5）。

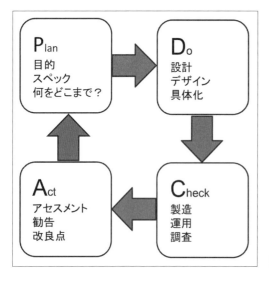

図5　PDCA サイクル

　筆者が本学で技術者倫理関係科目に携わるようになった当初は、最後の「A」は「Assess」であった。これは「評価」を意味する言葉であるが、単に前のサイクルを見直して評価するだけでなく、次のサイクルを積極的に仕掛けることが望ましいとされる考え方が定着したことを受けて、いつ頃からかは特定できないが、「A」は「Act」の頭文字として読まれるようになった。

「私は専門でない」は言い訳にできるか？

　プロジェクトを「回して」いるうちに、何か良くない事態が生じたとする。その際例えば、「自分は設計だから、それ以外の所は…」という言い訳が成立するだろうか？否である。というのは、PDCA サイクルに沿ってプロジェクトが動いて行くと、当初は、「どれかの1文字」に対応する部署で関与していたとしても、いずれ「残りの3文字」に影響が届くことが、確実に予見できるからだ。即ち、PDCA サイクルを通じて、技術者はプロジェクトのすべての段階に影響を及ぼすことができることがわかる。言い換えれば、技術者には、ひとたびトラブル・事故が起きた場合には、道義的に連帯責任が発生することを意味する。この場合、肩書きの軽重は関係しない。

　仮に、所属する組織の中では下っ端であったとしても、大きな影響力を及ぼすことが出来るのは、技術というカテゴリーが生活と密着しており、その存在と発達が必要だと考えることが、万人の認識として定着しているからだと考えられる。当然ながら責任もまた大きくなる。このことは必ずしも意識されていないと思うが、技術者の「卵」である学生諸君は、幾多の専門領域の勉強を進めるに当たり、留意して欲しいと思う。

◆4－5.小括

　繰り返しになるが、技術者はプロジェクトのすべての局面に実質的にタッチしている。だから、PDCAの各段階での対処が純技術的に行われる限り、問題は少ないが、実際問題として、純技術的に対処することが、諸般の事情により難しいことがしばしば起きる。その場合にどうするか？技術面から見て「NO」ならば「NO」と言い切る勇敢さが不可欠である。もっとも、そのための備えは一朝一夕でできるものではなく、不断の努力とそれなりの期間が必要となる。本書がそのための一助となることを、筆者は心から願うものである。

5　近代科学の誕生と技術者

◆5－1. 技術と科学の登場

四肢と五感に基づく原始社会

　人間は、地球上に出現した当初から一貫して、四肢と五感（場合によっては第六感も）を駆使して身の回りに起きるいろいろな現象を体験・認識し、得られた情報を脳のサイバーネット上に記録する、という過程を地道に、それこそ途方もない回数繰り返して、生活する努力を続けてきた。個体であれ、小集団（家族や共同体）であれ、当初は道具と言えるようなものは皆無であったから、手近な第一目標を設定した上で、文字通りの「四駆」で達成できる範囲で、いろいろな作業を行っていた。

　そうは言っても、長さ・重さ・時間という、物理量を表わす3要素については、ある程度把握しつつ活動を行う必要があることは、すぐ気が付いたはずである。その際に、自らの身体を手近な測定器として使う習慣を持つようになるまで、そう長い期間はかからなかったであろう。活動は昼間の明るい時に行うのが原則であったとはいえ、中には細かく時間経過を知る必要のある作業もあったはずである。その際に利用されたのが、脈拍であった。長さの対象となるものは、身の回りの物に限られていたから、自分の身体の（部分の）寸法を比べる対象として使用するようになったのは、ごく自然の成り行きと言える。手の指の関節と関節の間の長さに基くインチ（約2.5センチ）や、ひじから指先までの長さに基くフィート（約30センチ）は、国際標準がメートル法と定められて久しい現代でも、引き続き用いられている。

新皮質の発達による効能

　道具という概念が発生しなければ、人間社会は長く「原始社会」のままであっただろう。そうならなかったのは、四肢と五感の活動から得られた情報の「書き込み」を繰り返した結果、当初は神経管に毛が生えた程度に過ぎなかった旧皮質の脳幹の周囲に、新皮質が急激に発達した結果である。新皮質の中で特に重要な役割を果たしたのは、前部帯状回と前頭葉であった（図6）。

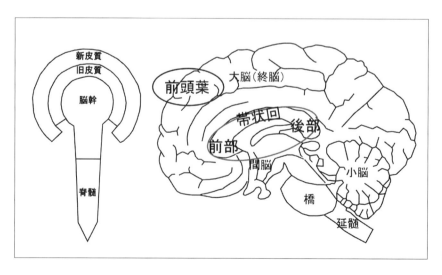

図6　脳の構造

前者は、「攻撃の抑制・守り」を司っており、旧皮質に含まれていた後部帯状回が、周囲の脅威に対する攻撃を司る部位だったのとは対照的な、役割を担うものであった。前部後部の帯状回が連携することにより、人間にとって、「殺るか殺られるか」ではない形での社会形成が可能になった。

　一方、前頭葉は、新皮質の浅い部分に位置する「部分脳」の連携をコントロールする機能を持ち、複数の情報の総合を促すことにより、人間が個体として「力」を発揮する場合の、合理的な解への速やかな到達を可能にした。当然ながら、差し当たり対処はしたものの、結果・効果が不充分な場合の改善策の考案も可能となった。結果として、自分たちの周囲にあるアイテムを活用し、四肢と五感に基づく力の伝達を容易ならしめる、様々な方法が工夫されるようになった。こうした工夫の中で、普遍性を持ち、繰り返し利用価値があると認められたものは、自然発生的に道具になったと考えられる。これは既に、技術の萌芽と見なすことが出来るだろう。

人間生活の必要から生じた「技術」

　即ち、道具という「プラクティカル」なアイテムを基にした技術は、あくまでも、人間の生活の必要から生じたものであることが、明らかに見て取れる。特に利用価値のあるとして認められた「道具たち」は、言わば「生活の知恵」の形で代々守り伝えられたことであろう。しかしながら、科学的考察では必須とされる「何故？」の部分、即ち、それらの道具を使うことにより、どうして、使わない時に比べて力の伝達が上手く行き、能率的な作業が可能になるのか、については、文字通り、日々の生活に追われる人々の脳裏には浮かばなかったはずである。萌芽の時期にあっては、技術は科学と無縁の存在であったと断言できよう。

　とはいえ、いろいろな道具や簡単な機械をベースとする技術は、必要（切実！）に応じて進歩（進化かも）を続けていたことは間違いなく、世界中の至る所に、多くの証拠が残されている。ここでは、実例を2つだけ挙げておこう。

　古代エジプトの円周率は、3.16であった。それは実を言うと、$(1 - 1/9)$の2乗を4倍した値であり、正方形と等しい面積を持つ円を、0.5%以下の誤差で作図可能にするための方法であった。換言すれば、これは、土地の測量とも連結した、実用的なものであった（図7）。

　分母が9という特定の数字であることから推理すると、これは、大そとの正方形の面積（81マス）に対し、正方形に内接する円の内部に含まれる小さな正方形がいくつあるか、という考え方である。言うまでもなく、境界線の所は約0.2マスとか約0.7マスなどと見積もった上で、全体の合計を出すことになる。

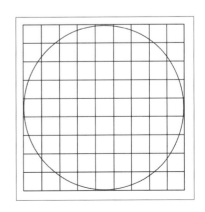

図7　エジプトの円周率についての仮説

一方、長さが3、4、5の線分を3辺とする三角形が直角三角形であることも知られていたが、これ又、直角を地面や床の上で実際に作図するための、実用的な方法であった。

　以上2つの例は、(いったん忘れ去られた時期があったにも拘わらず！) 後世で何故＝合理的思考の積み重ねにより、前者からは級数展開、後者からは定理（ピタゴラス）が導き出され、より精密・高度な標的に取り組むことを可能にした。しかしながら、そのようなアプローチは、社会の構成員がことごとく、日々の生活に追われ、気持ちの余裕を持ち得ない時代には期待できなかった。技術を成立させている背景が分かっていない以上、その改良・改善は、合理的思考に基づいて行うことが出来なかったから、その大半は「当てずっぽう」「偶然の産物」であった。人間の生活を大いに楽にしているにも拘わらず、誕生が偶然のものであったせいもあって、「技術」は、尊敬どころか軽蔑の念をもって見られることが珍しくなく、こうした認識は実にルネサンス期まで続くことになった。

生活に追われないディレッタントと「科学」

　最初期の技術の改良・改善が偶然に依存していたことは間違いないが、玉石混交とはいえ、その中に含まれる「玉」は、一度見つけ出されれば燦然（さんぜん）たる輝きを発することもまた確かである。従って、共同体の中では、良いアイディアを出した人にご褒美（ほうび）として、ある程度、肉体的労働からの解放を認める習慣が、早い時期に自然発生したものと想像できる。このことは、技術を実用化した人は対価を受け取れる、という、後世における技術者の立ち位置に繋がる、新しい発想の起点と考えることができよう。

　社会（共同体）の中での役割分担が行われるようになると、時間的に余裕のある人が一定の割合で現れるようになり、それと共に、いろいろな作業や道具にも、第三者的視点から、見直しや改良の機運が生まれることになる。すると、技術・道具の改良を通じて、体系的ではないにせよ、背後にある考え方（科学的思考）に興味を持つ機会が増える。もちろん、四六時中改良が要求されるわけではないから、本当にヒマな時も出てくるだろう。そんな時、たまたま遭遇した、実用一点張り（プラクティカル）な技術や道具とは別な事象に、興味をそそられることは、大いに起こり得る。生活に必須のものではないが、身の回りに起こる事象を定期的に考察する習慣が発生することは、取りも直さず、科学の求める「合理的思考」へ一歩を踏み出したことになる。これがいわゆる「自由人」の原型と考えられるので、本書では「自由原人」と呼ぶことにしたい。

　この、自由原人の中にも色々な段階があり、それが分化して階級社会を形成するようになることは見易い。もちろん、自由人レベルに常時留まれる人の数は限られ、大多数が被支配レベルに止まり、両レベルを往復する人も一部あるだろう。これが世襲化されると、「ガス抜き」ができなくなるため、怨恨をため込む装置と化してしまうわけであるが。

　小説と映画の両方で有名な「テルマエ・ロマエ」の主人公の技術者は、自由人と奴隷階級で社会の共同体が構成されていた時代から、現代にタイムスリップし、自分のいた時代との様々な違いに戸惑うことになるが、何千年もの間に長大な進歩を遂げたトイレ・バス用品ばかりでなく、出会う人々が全て「合理的思考」に基づいて日々の生活を営んでいる姿が、驚異として映ったことは間違いない。

社会での立ち位置の違いに基づくイノベーション

　科学の基盤を成す合理的思考の勃興（ぼっこう）は、古い時代には、人間の社会（共同体）における立ち位置の違いがもたらすイノベーションに結び付けられるものであったことが確認できた。それでは、このようなタイプのイノベーションは、他にどのような場合に起こり得るものだろうか？また、それは私たちが追体験できる性質のものだろうか？

　先に例として挙げた「テルマエ・ロマエ」に限らず、タイムスリップ＝主人公が自分のいた時代から違う時代に移動してしまう、をドラマの発端とするSFは、古今東西を問わず、膨大な数に上る。テーマとして共通しているのは、主人公が、それまで自分のいた時代に体験したのとは、違う切り口を垣間見る点にある。そして、当初は戸惑うものの、彼我の切り口から見える物事の有様の長所短所を把握し、自らの使命感を高める、というストーリーが展開される点も共通している。物語の後半では、主人公は、「使命」を果たすために元の時代に戻れるのか？というサスペンスを読者・観客は主人公ともども体験することになる。

　F＝フィクションの世界では、予定調和の結果としての「めでたしめでたし」がお約束であるから、何らかの想定外の事態のお蔭で、主人公は元の時代に戻ることが出来ている。しかしながら、私たちの日常の中では、実用レベルの「タイム・マシン」は実現されていないので、以上述べたようなアプローチは不可能である。尤も、余りにも容易に、異なる時代の間を行き来できるようになってしまうと、確実に、これを悪用しようとする輩（やから）が現われるから、厄介なのは確かであるが。一例として、福井大学の演劇部（以前、筆者は顧問を務めていたことがある）の学生さんたちがエキストラとして出演した、福井が舞台のSF映画「ヘソモリ」（2011年）を挙げておこう。この作品は、満月の夜だけに起きるタイムスリップがテーマであるが、異なる時代ごとにいわゆる「タイムパトロール」が存在し、勝手な行き来を防止する、という設定になっている。

　閑話休題、タイム・マシンの発明を待たなくても、「立ち位置の違いに基づくイノベーション」を疑似体験できる空間は、今や、私たちの手近な所に存在している。一例として、囲碁・将棋（を始めとするボードゲーム）に於けるAIを挙げよう。

本因坊家発祥の地（京都寺町）の記念盤と筆者

盤上の局所部分での折衝が「五分五分」で一段落するような打ち方・指し方として、定石（囲碁）や定跡（将棋）が多数存在していることは、読者の諸兄諸姉においては、先刻ご承知と思うが、定石や定跡に続けてどのように打つか・指すかには、相当難しい所がある。ところが、AIでプレイアウト（ゲームのルールを守りながらコンピューターが高速で打つ・指すのを最後まで繰り返すシミュレーション）させると、人間の感覚では「尻込み」していた打ち方・指し方の中に、実は高い勝率を与える選択肢（パス）の存在する機会の多いことが明らかにされた。この発見を受ける形で、プロ・アマ問わず、囲碁・将棋の打ち方・指し方は、過去数年間に大変化した。囲碁・将棋では、プレイアウトによりアセスされた勝率という「証拠」が、人間の「先入観」を見事に吹き飛ばしたのであった。

科学の源泉となった合理的思考

エジプトの円周率（3.16）は測量と連結していた、と先に書いたが、四角形でないと平面を隙間なく埋め尽くして数え上げることは出来ないから、実際問題として、「円形の土地」を測量する機会はそんなに多くは無かったはずである。しかも、この近似値（3.16）と円周率の真値（3.1415926535・・・）の差はたかだか0.5%程度であったから、土地の面積にもとづく徴税にしても、目くじら立てるほどの差は出ない。このような状況下では、円周率の「真値」を求めようとする動機が生じる可能性は低いままであったろう。

状況が変化したのは、太陽と月の運行に合わせた正確な暦を作ろうとする機運が高まったことがキッカケであった。洋の東西を問わず、自分が指定した暦を民衆に使う義務を課すことは、君主たちにとっては権威付けの定番であった。しかしながら、暦が不正確で、特に日食・月食（人間の都合とは無関係に起きる!）の予報を外すようでは逆効果となるだろう。だから、相当期間、改暦が必要にならない精度を備えた暦が要求されたのだ。太陽系に対して幾何学的アプローチを行い、片や、三角関数を使いこなして暦を作成できたのは、世界の中で限られた地域であったにせよ、円周率の精度の可否が暦の精度を左右することは、早くから認識されていた。だから、円周率を研究し、近似値を精密に求めようとする取り組みが、急速に興って来たのである。

円周率の歴史をひも解くとき、まず最初に名前が挙がるのは、アルキメデスである。彼の求めた結果（数値）が現代まで伝わっているのはごく僅かであるが、円周率研究の第一人者であった平山諦博士は、アルキメデスは少なくとも連分数（展開式の一種）を用いて結果を導いたはずだ、と推論した。このことは、円周率の真値を求めるのが困難であることが、この当時すでに見出されており、従って、究めるべき課題は、近似値をどれだけ正確に求めるか、であることを、アルキメデスが認識していたことを示している。

中国で開発された「量子コンピューター」のプロトタイプが、円周率の研究で著名な5世紀の暦学者に因んで命名されたことは、記憶に新しい。祖沖之の著書は現在まで伝わっていないが、「随書律暦誌」の中に、彼の業績を要約した箇所があり、これが日本では、江戸時代の和算家たちの研究を促す原動力となった。和算家の一人・関孝和は、正確な暦を作るのに不可欠となる、精密な円周率の近似値を、どのようにすれば算出できるかに取り組んだ。彼は、少なくとも小数10ケタまで正しく算出する必要があることを認識した上で、恐らくはアルキメデスや祖沖之も手掛けたであろう複数の方法を、再構成した上で自ら計算を実行に移し、小数13位まで円周率の真値に一致する精密な近似値を得ることに成功したのであった。

合理的思考の産物と日常生活

　「天地明察」（小説2010年、映画2012年）の主人公・澁川春海（2代目安井算哲）が取り組む改暦事業は、和算家（日本の数学者）たちの活動が活発になってきた、江戸時代初期のエピソードである。彼は実際、関孝和とは同時代人である。この時代（1660年代）には、日本では約800年間、一度も改暦（暦の改正）が行われていなかったため、平安時代から使われ続けていた宣明暦（太陰太陽暦）の誤差（1年当たり0.0024日だけ真値よりも長い）が積もり積もって、実に丸2日も暦が遅れていることが判明していた。このことは、映画「天地明察」では、将軍御前で対局していた所、その日が実は新月で日食が起きてしまった、という冒頭の描写に見事に活かされている。しかしながら、農耕中心の社会では、2日遅れたからといって農業生産に致命的な損失が出る、ということはまず起こらない。当然のことながら、一般の人たちが関心を持つはずがない話題に止まっていたであろう。

　エジプトでは、ナイル川の氾濫により上流（現在のスーダン）から肥沃な土砂が流出し、下流の沿岸地域に積もってからその年の農作が始まるので、シリウスが日の出直前に東の地平線から昇ってくる初日（太陽暦で7月21日前後）の予報が重視され、天文学の発達を促したと言われている。しかしながら、要は、「氾濫が起きたら農作が始まる」ことに気を付けていれば、農耕に支障がないことは明らかだから、先に述べた「円周率の真値」と同じ次元の話題だったとは言える（図8）。

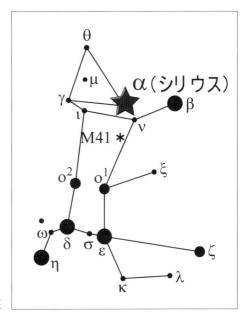

図8　シリウスとおおいぬ座

　以上、2つの例を紹介したが、円周率を正確に求めることが、一般の人間にとって、生活に直結した切実な問題ではなかったことを示すには、充分と思われる。天文学つながりの話題としては、月食の時には映る地球の影が丸みを帯びていることから、地球は平面ではなく球体であることが認識された結果、その大きさに対する興味が湧き、どのようにすれば地球の周りの長さが精密に求められるかが考案され、実測も行われたのであるが、これも一般には関係のない話題であろう。

破局

　時代が下るに連れて、「自由原人」の中で選別が進み、日々の労働に追われていないのは「自由人」だけに絞られ、それ以外は奴隷的な使われ方をする階級へと追いやられて行った。歪（ひずみ）のもたらすエネルギーは、ある時点までは体制でホールドされるものの、次に来るのは決壊…暴動ということになる。暴動は何らかの反感がきっかけで起こるものであるから、その源となっているもの、具体的には、権威の象徴と目されるものが攻撃されるのは、古今東西一致した傾向であると言える。自分たちの生活に直結しない空疎な議論を行う人間および組織がやり玉に挙がるのは必然の勢いであるが、知識の集成である書物も、（自由人の）権威の象徴と見られ、攻撃を受けることが、人類史上、度々起きている。

　記録に残る最初のものが、アレキサンドリア図書館の焼き討ちであった。当時ここには、世界中の知が写本（巻物）の形で集積していた。自分たちの主張とは異なる世界像を提案されると困る、と考えた宗教関係者も加担していたとされているが確証は無い。図書館の最後の館長はヒパチア（女性、天文学者）であった。映画「アレクサンドリア」（2008 年）は、ハリウッド映画であることによる脚色が強いが、どのようにして焼き討ちに至ったかを概括的に知るためには、一見の価値があると思う。

　アレキサンドリア図書館の焼き打ちは、蔵書の焼失による人類知の喪失もさることながら、合理的思考が持つ危険な側面が明らかにされたことが、「知識人」にはショックであった。ここの焼失だけが原因とは言えないものの、近代的英知の発芽が影を潜めて科学が停滞期に入るきっかけになった事件の、最大級のものであることは間違いない。

　動機は多少とも異なるが、ナチス時代のドイツで 1933 年、「非ドイツ的な本」の焚書が大々的に行われたことは、決して忘れてはいけない。また、小説および映画の「華氏 451」で描かれたような、本は社会への害毒だから、駆除のためすぐさま焼き払うような世界観の発生にも、注意する必要があるだろう。

◆ 5－2. 近代科学の誕生

中世の暗黒時代

　前節で述べたアレキサンドリア図書館の焼き打ちは、知識に対する性善説が打ち破られた、象徴的な事件であった。知識一般には、現代のいわゆる「フェイクニュース」のような毒の部分も含まれているから、これをきちんと吟味してより分けないと危うい。知識を、暇な自由人に委ねて彼らの「思考ゲーム」のピースとして弄（もてあそ）ばせた上、社会をも都合よくリードしてもらおうとする考え方が危険であることに、多くの書物が焼かれた後で、人類は気が付くことになった。

　筆者の趣味の囲碁に、次のような川柳がある：

「定石を覚えてかえって弱くなり」

　定石は、前にも紹介したボードゲーム・囲碁の「隅」を中心とした部分的な折衝で、一段落した際には黒白が互角となる型（及び、そこへ到達するための手順）を指す。必然とされる手順の背

後には、もちろん「ロジック」(人智の集積にせよ AI にせよ) が控えているから、なぜ必然なのか、自分の判断体系に基づいて把握できないなら、逆効果になるかも、という教訓めいた？お話で、囲碁に限らず、色々な所で通用する真理を含んでいる。要は、自分が考えを進める体系に合わない知識はふるいにかけるべし、という意味にも取ることが出来るだろう。

そうはいっても、規則的にみんなが義務教育を受けられる時代ではなかった以上、誰かに判断してもらう必要が出てくる。自由人はあてにならないし、現実でも消滅してしまった。そこで次に人々が頼りにしたのは、教会であった。ここには「知識人」が集結していることを、人々は経験的に知っていたからである。

世の中の安定化

結論から言うと、日常生活を安全に送るための判断を、一般大衆は他人任せにしてしまったのである。そして、判断を下すという重責は、教会をはじめとする信仰の機能中心に委ねられることになった。このような経緯を振り返って見ると、「合理的思考」に関する中世の暗黒時代は、教会の強権支配が原因だとする通説は、的外れ、ということになるのではなかろうか？

とりあえず一般大衆が無事に日々を暮らせるようにするための判断(助言)の仕方が、初期の混沌とした段階を過ぎ、ある一定の範囲で差配できることが確認され定着を見てしまうと、ここから改めて「変革」しようとする動きが起こりにくくなるのは、現代の私たちの周囲でも起きている、人間社会というものの本性である。変えるためには理由が必要であるし、それが何であるにせよ、自分以前に下された判断が「良くなかった」ことを認めることになってしまうからである。官僚的と言われるかも知れないが、これまで無事に治まっていたことが、ちょっと変えたらとんでもないことになった、というのでは困る、という心理には、頷(うなず)けるものがある。色々な条件が複雑に絡み合っているのが日常生活である以上、「寝た子を起こさない」たしなみも、時には必要であろう。

初期の「教会」が、世の中の安定化のために行った重要な事業は、「聖書」の執筆・編纂であった。みんなが規則的に教育を受けられる社会ではなかった以上、世界がどうして存在するようになったか、人間が広く分布するようになったかが、教育を受けていない人でも理解できるよう、わかり易いお話として書かれ、それは神(仏)の業績であるとされた。もちろん、聖書に書かれていることが100%歴史的・科学的に正確であるとは保証されていなかったのだが、合理的思考の習慣が途絶えている以上、「対立仮説」が提出される流れが生じることは起こり得なかった。

結果として、実際に歴史の示す通り、紀元前3世紀～16世紀のルネッサンスまで、ほぼ2000年もの間、合理的思考の習慣は、世界の大部分で途絶えることになった。一般大衆は、知識・知能の面では低いままであったかも知れないが、精神的には安定な生活を送ることが出来たのだから、一定のメリットはあったと認めるべきである。親の仕事を子供が継ぐ、という習慣も派生物の一つ。今なら、「身分の固定化」として目くじら立てる人もいるのだろうが、「変革」するには恐ろしい労力が必要である以上、選択肢には挙がらなかったろう。

科学につながる合理的思考の登場

世界四大文明の発祥地は全て大河の流域である。これは、先にナイル川の例で紹介したように、洪水で上流から肥沃な土壌が流されてくるのを待って農耕を開始できる場所と言い換えても良い。

人間社会の誕生と高度化、身分の分離などは、原始世界のどこでも似たような経過を辿ったと考えられるので、4つの地域のどこでも近代科学が発生して不思議はないのだが、実際の歴史の示す通り、そのようには推移していない。近代科学が誕生したのはキリスト教文化圏のみであったことが認められる。周知の通り、キリスト教は一神教であるが、同じ一神教のイスラム教文化圏では、「近代科学」の誕生はなかった。但し、科学の萌芽は認められるから、ある程度まで合理的思考が定着していたことは間違いない。事実、アラビアの地には、エジプトで失われたアルキメデスを始めとする天才たちの業績が伝えられた結果、天文学・数学が発達し、そこから、現在の基準で見ても精密度の極めて高い「授時暦」が造られた。これは、「天地明察」の主人公・安井算哲2世（澁川春海）が、自らの太陰太陽暦の改暦の元ネタとして、当初注目したことでも有名である。加えて、測量が目的ではない円周率の概念が誕生したことが、平山博士の本に書かれている。曰く、

「直径が7で周囲が22の円がある」

これは、円周率が3と1/7だ、と言っていることとイコールである。

　仏教や神道をはじめ、世界の宗教には多神教のものが多く見られる。ギリシャ神話にもとづく星座の説明は、プラネタリウムなどで、どなたも幼少の頃に耳にされたことと思うが、要は、何人もの神様やその業績を称えるための星座が当初たくさん作られたことがわかる。もちろん、神様たちの「性格付け」は、人間の振る舞いに由来して行われたから、その大部分は「擬人化」のプロセスを伴うものであった。従って、複数の神様たちの間で役割分担するのか、または、一人の神様が全部を担うのか、の間には、本質的な違いは無いことになる。
　一神教の方が絶対的真理に近い、と考えるのは恐らくは俗説であろう。となると、近代科学の発祥には、一神教・多神教という外見とは異なる、別の理由を考える必要が出て来る。

僧侶は中世の代表的な知識人

　以下の考察を進めるに当たり、大事な前提条件を確認しておきたい。それは、どのような宗教であるかに拘わらず、知識人と言えば僧侶という、中世では洋の東西を問わず共通に存在していた認識・一般常識である。それは言うまでもなく、宗教そのものの成り立ちと、密接な関係を持つものであった。
　私たちが、お祈りしたり、お参りしたり、冠婚葬祭に出席したりする行為は、表面的に観察しただけでも、多かれ少なかれ宗教的な色彩を帯びていることが、すぐさま分かるような性格のものである。このように、負担が比較的少なく、大衆が気軽に参加できるような部分は、一般に「顕（けん）教」と呼ばれる。
　様々な宗教が成立し布教活動が開始された当初、規則的に教育を受ける機会のある人間は社会の中では少数派で、一日中肉体労働に明け暮れる人間が、大半を占めていた。従って、あまり手間暇をかけずに、「極楽」や「天国」へ行けると信じてもらい、見返りとして、経済面のサポートが受けられるような「仕掛け」が、プロ宗教家の立場から見た場合には、不可欠であった。しかしながら、これだけでは、宗教団体を維持するには充分ではない。時代の空気の変化を敏感にと

らえ、布教に用いる技法へと的確かつ速やかに反映させるには、「顕教」の部分だけでは追いつかないからである。即ち、宗教自身をイノベートするための仕掛けとしての「密教」、つまり、宗教のプロだけが関わる秘密宗教の部分が不可欠となる。

　密教には必ず秘儀（秘密の儀式）が付随する。だからこそ、僧侶は教義の番人と呼ばれることが多いのであるが、複雑な秘儀を的確に実施するためには、それなりに「smart」でなければならない。そこで、秘儀を行うために必要な知識およびその開発、という考え方が生まれて来ることになる。前に取り上げた合理的思考は、何らかの特定の思想や価値観に仕えるものではなかった。それとは異なり、ここに現れてきた「秘儀のための知識」は、ある宗教を守り発展させるという、明確な目的と結びついたものである。当然ながら、大目的のためには「何でもあり」ということになるだろう。「smart」ではあるものの、このような思考形態では、自然科学に到達する可能性を期待できないことは、明らかである。

　何よりも、身分制度を始め、倫理やしつけといった一般大衆の行動を制限する「枠」の存在目的は、過去から続いてきた秩序を守り、安定を維持する点にある。だから、変化を望むことはあり得ない。自然科学の場合だと、仮説が現実に合わない時には、仮説を変更する必要がしばしば起きるが、そのような発想に至ることは、教義の「番人」にとって有り得ないことであった。

中世日本における宗教の Chemistry

　中世の日本社会で重きを成した宗教といえば、仏教と儒教ということになるだろう。キリスト教はザビエルを始めとする宣教師が来日し布教が始まったばかりで、この時点ではまだ広がりを見せていなかった。神道はどうかと言えば、信仰の大枠だけは古い時代に自然発生的に造られていたとはいえ、その中身・教義が充足されて宗教らしい体制に到達したのは遅く、恐らくは幕末のことで、新時代は天皇を中心とする体制へと移行することが、朧気（おぼろげ）ながら見えて来た頃だと思われる。ここではまず、日本に伝来する以前の仏教と儒教について、簡単に振り返って見る所から始めてみよう。

　仏教は、「形あるものは必ず滅する」という釈迦の言葉が出発点である。従って、世間的な地位とか富とかは無意味、という境地からスタートした「はず」であった。一方、儒教では、長幼の序をベースとした秩序の形成が特徴であり、かつ、社会は優秀な官僚によって運営されるべきとする官僚絶対主義が中心に据えられていた。要は、宮廷に所属していても、医師をはじめとする、官僚以外の奉公人は、正直言ってゴミ扱いであった。しばらく前に日本でもヒットした韓流ドラマ「チャングムの誓い」で描かれたような、一介の薬剤師が政治面で影響力を発揮するようなことは、あり得ない、と断言できる。

　仏教が日本に伝来したのは6世紀のこと（有力候補は538年と552年…昔歴史の授業で習いましたよね？）であるが、伝来したのは小乗仏教、即ち、中国を経由して儒教化した仏教であった。即ち、仏教は儒教に取り込まれて「変形」した状態で日本に伝来したのであるが、それは、人間精神の存在を無視し、為政者（官僚）にとって都合の良い形のものであった。結果として、浄土宗や浄土真宗（後者は福井県で圧倒的多数派）の「極楽（Nirvana）に生まれ変わる」という教義は、現実から目を背けさせるのに素晴らしい効能を、長期に亙って発揮することになった。9世紀に至り、疑問を感じた空海は渡海して修行し、帰国後に天台宗を興した。その意は壮とするに

足りるが、空海師の留学当時の中国本土の仏教は、やはり儒教化したものだったので、人間精神の取扱いをメルクマールとして見た結果は、五十歩百歩であったに違いない。

　日本の仏教の宗派における唯一の例外は、日蓮宗であった。開祖・日蓮上人は、「人間の運命は努力で変えられる」という、誰一人、考えてもみなかったような教義を説いて回った。これは、極めて合理的な思考に基づく着想であり、科学的な見解であったと言える。だから筆者は、日蓮宗が指導的役割を果たす宗教・宗派へと順調に成長していれば、この時代の日本が近代科学の聖地の一つになっていた可能性が大きいと、考えるものである。しかしながら、実際の歴史的事実の示す所は、はなはだ冷酷で、筆者の空想のようには進展しなかった。一般大衆が、現世での運命をあるがままに受け入れて、何とかなるのは「afterlife」だと考えてくれる、その大前提が成り立たないとすると、為政者にとって都合が悪いばかりか、危機ともなるだろう。だからこそ、日蓮上人は、「竜口（たつのくち）の法難」をはじめとする幾多の迫害を受けた上、佐渡へ島流しにされたのであった。日蓮上人の画期的な着想は、近代科学に繋がる芽が摘み取られるという、残念な結果に終わったのである。

　儒教化とは、結局のところ、身の周りに起こる色々な現象を、主観（自分中心）的の輪の中へ引き寄せて判断を下す（高等教育の目的もそう）プロセスであるが、その大元は、中華思想に代表される、皇帝を中心とした世界観である。秩序（支配）が及ぶのは中心から一定の距離までであり（境界は万里の長城のイメージ）、外側は、異民族が跳梁（ちょうりょう）する領域（荒域と呼ばれる）と考えられていた。これは、秩序の及ばない所では、色々なものごとが気まぐれに動いても不思議がない、という発想と結びつく概念であると言える（図9）。当然ながら、これは、絶対的な法則性の存在を信じて取り組む科学とは異質である。日蓮上人と日蓮宗をめぐる顛末は、起きるべくして起きたとも言えよう。

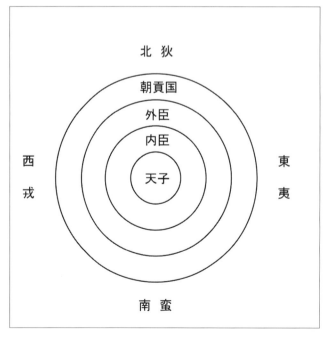

図9　中華思想の概略

ヨーロッパにおける宗教の Chemistry

　キリスト教文化圏では、「密教に属する秘儀」を行う専門家を養成する必要が強く認識された結果、多数の修道院が設立された。そこでは、未来の聖職者候補たちが、聖書の内容に関する系統的な講義とは別に、身の周りで起きる現象を観察したり、簡単な実験に取り組んだり、得られた結果に対して討論（debate）を行ったりという、近代科学が標榜する「合理的思考」を惜しみなく展開した活動を行っていた。彼らがこのような検討を率先して行ったのは、

「神の造ったことを極めるのは意義がある、決して不敬ではない」

という共通の認識・信念があったことによる。
　元々、聖書という書物は、一般大衆が規則的に勉強して知識を増やすと共に判断力を磨くような機会を持ち得なかった時代に、神（仏）の行い（業績）を分かりやすく伝えることを目的として書かれたものであった以上、内容が必ずしも「正確」と言えないことは、公然の秘密であった。だから、しっかりと観察し、何が起きているかを把握することにより、聖書の記述をより正確なものにしたい、という動機が、伏線として、至る所に潜在していたのである。
　何よりも、神の行いが実現したと見られる事象を俎上に挙げて討論する場合、ディベート、即ち、とりあえずの立場の上下は無視して、自分と相手は「対等」であると見なして取り掛かることが原則とされたのは、神の下では誰もが同等と見なされるという、キリスト教の原理に基づく。このことは、誰が新規性のある事象を見出す（確認する）かについては予見できない、とする近代科学の精神にも合致している。

金星太陽面通過を例として

　最近では2004年と2012年に起きた、金星太陽面通過という天文現象の観測を例として見てみよう。これは、地球と太陽の絶対距離（天文単位）を決めるための方法の一つとして有名なものである。
　金星太陽面通過は、地球からの見掛け上、ある天体が別の天体を隠す「食（エクリプス）」の一つである。この現象が起こるための条件は、私たちになじみの深い日食・月食・星食といった他のエクリプスと同じで、太陽―金星―地球が一直線上に並ぶ必要がある。但し、金星の見掛けの直径は僅か1分に過ぎず、太陽の見掛けの直径の30分の1に過ぎないので、太陽円盤の上を、「新月」状態の金星（黒い円盤）が、東から西（北半球では左から右）へ徐々に進んで行くのが観られるだけであり、薄暗くなるようなことは決してない。
　「地球と太陽の距離を求める」という課題が、いささか浮世離れしていることもさることながら、そもそも、この現象が有史以来全く注目を集めなかったのは、その起こり方に原因がある。何しろ、8年間隔で2回続けて起きると次は105.5または121.5年もの「ブランク」が入るというのだから…自分が生きている間に観る機会のない人が多数出てしまうことが、初手から明らかな天文現象である以上、天文ディレッタントがたまたま気が付いて記録を残すことなど、まずあり得なかった。ティコ・ブラーエの観測データを引き継ぎ、惑星の運動法則解明に取り組んだケプラーなかりせば、金星太陽面通過の発見は大幅に遅れ、ホロックスやハレーが活躍する機会に繋がらず、いわんや、世界各国の観測合戦に火がつくことも無かったに違いない。

セレンディピティ（Selendipity）

　2012年の金星太陽面通過の際、イスラム文化圏の文献に1030年頃、この天文現象を観測したのではないか？と解釈できる記述が存在することが報じられ、議論が大いに盛り上がったことは記憶に新しい。この未確認の事例を除くと、この天文現象の最初の観測は、英国の牧師候補生だったホロックスが、1639年、22歳（大学生の皆さんと変わらない年齢です！）の時に行ったものを嚆矢（こうし）とする。彼は、ケプラーが計算し発表した、1631年12月7日の金星通過の予報（ヨーロッパは観測条件が悪かった）に興味を持ち、自らも計算を行った結果、（ケプラーが起きないと発表していた）1639年12月4日に金星通過が起きることを確認した。観測は、太陽像をピンホールを通して部屋の壁上に投影して行い、これを鉛直線と共に、日没まで数回にわたりスケッチして記録を残したのであった。

　福井大学工学部専門基礎科目「学際実験・実習」で、筆者を含む「エクリプス2012」のグループがこの現象を観測したのは、2012年6月6日のことであった。北陸地方は梅雨入りしていたが、好天に恵まれ観測は成功した。ピンホールの代わりにソーラースコープ（カセグレン式望遠鏡の一種、対物凸レンズで集光して得た太陽像を遮光したボックス内に凸面鏡で投影する）を用いているが、あとの段取りは、基本的にホロックスが1639年に確立したものと変わっていない。観測の様子と結果を図10として示しておく。

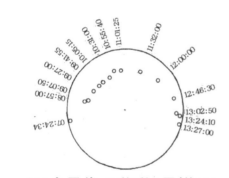
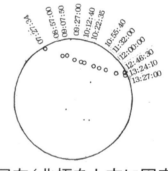

(A)金星像の移動（見掛け）　　(B)同左（北極を上方に固定）

図10　福井大学での観測（2012年6月6日）　　Ⓒ高橋一朗、安田智隆、日吉裕紀、入澤祐一

ハレーの発表から観測合戦へ

　天文現象の絶滅危惧種的？存在であった金星太陽面通過が、俄然注目を集めるようになったのは、ハレー（彗星で有名）が、内惑星（地球より太陽に近い）の太陽面通過を観測することにより、地球と太陽の絶対距離（天文単位）が求められることを発表したことがきっかけであった。内惑星には水星と金星があるが、ほぼ真円の軌道を描いて太陽の周りを公転していて、観測機会ごとの誤差が小さい金星の観測がベターとされた。ハレーは更に、現象を地球上の離れたあちこちの地点で観測することを、国際的に提案した。このことは、帝国主義的風潮が勃興（ぼっこう）しつつあった時代を背景とし、勢力圏拡大に腐心する列強国にとって、国威発揚の機会を掴む絶好の手段として映った。その結果、世界各国で観測合戦が勃発するに至ったのである。

　一連の原理は、以下の通りである（図13）。

　観測者の位置によりターゲットの視える方向が異なることを視差と呼ぶ。地球─太陽の絶対距離を得るためには、地球上で遠く離れた複数の地点から太陽を観測した場合の視差、即ち、「太陽の地心視差」を観測から求める必要がある。この値（約8.8秒）はハレーの時代には精密に求めることが難しかったが、太陽面上に投影される金星の像を観測すれば、（金星の地心視差─太陽の地心視差）の値が得られる。そこから、ケプラーが、先に惑星の公転周期から求めていた、太陽─金星─地球の相対距離を用いて計算することにより、太陽の地心視差を、ひいては、地球─太陽の絶対距離（天文単位）を求めることができる。

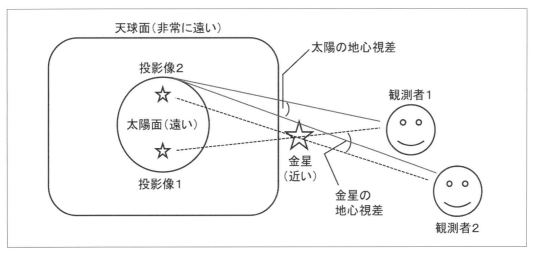

図11　視差を測定する原理

　なお、地心視差を求める原理は、水星太陽面通過を観て、数学者のグレゴリー（円周率πの無限級数式で有名）が、ハレーよりも早い時期に思い付いた、という有力な意見が出されていることを、付け加えておこう。

　現象の原理と観測の意義を発表した天文学者のハレー自身は、長命ではあったものの（1656年〜1742年）、結局、金星太陽面通過も、回帰したハレー彗星も、観る機会には恵まれなかったのは、科学史をしばしば彩る皮肉であった。とはいえ、彼の着眼の鋭さは疑いもなく、人類の記憶に残り続けることだろう。

その後の事ども

　19世紀に入ると、色々な測定原理やそれに基づく機器が開発され、地球―太陽の絶対距離を求める方法は、金星太陽面通過の独占ではなくなっていた。これは、稀にしか起こらない現象だけに頼るのが不安であることと、得られた結果の信憑（しんぴょう）性を確かめたい、とする科学者精神が根底にあったためと考えられる。そうは言っても、金星太陽面通過は、測定の歴史が古く、かつ、測定と計算の原理が「三角測量」でシンプルであったことにより、世界各地へ観測隊を派遣するという、列強国の努力は続けられていた。

　1874年12月9日の機会もその一つであった。現象を始めから終わりまで観測できる地域は太平洋の島々で、その中に日本も含まれていた。当時の日本政府は、まだ国交が無かったメキシコの観測隊に、横浜での観測を許可した。観測は成功し、100年後の1974年に桜木町駅の近くに記念碑が建てられた。大使による植樹行事は定期的に行われている。この事実は、2002年の日韓合同のサッカー・ワールドカップに際し、メキシコ代表が福井県三国町でキャンプを張ったことの背景の一つと考えられる。

　以上述べた様々な動きは、そもそも、ホロックスが興味を持ち、観測を行い成功したからこそ、もたらされたのだが、彼が若くして急逝したことにより、その功績は長らく埋もれたままであった。ホロックスの事績を再発見し世に知らしめたのは、彼と同じ英国の著名な天文学者ハーシェルであった。

事態の進展と停滞

　17世紀に入ると、技術の進歩により物産が増えたことにより、一般大衆の生活は以前よりも豊かになり、ゆとりが増した。これを契機として、世界の成り立ちについて、天文学や数学や生物学を通じての関心が高まった。ガリレオ・ガリレイやニュートンは、このようにして生じた大きな潮流の中で、業績を挙げており、それは現在まで伝えられている。しかしながら、この時点ではまだ、技術と科学は交わりを持つに至っていない。例外は、飛行機を思いつき、設計し、試作機まで製作した、レオナルド・ダヴィンチくらいのものであろう（当時は、軽くて力のあるエンジンが無かったため、飛ぶことはできなかったが）。

　産業革命が勃興しても、要は、道具が機械に変化したというだけに止まり、機械の効率を上げるにはどうしたら良いか、という発想には至らず、足踏み状態が続いた。技術者の間には一般的に、「なぜ？」に基づく合理的思考の習慣が定着していなかったことが大きかった。イノベーションのためには、規則的な知的訓練、言い換えれば、学校教育の普及が不可欠であった。

◆5-3.技術者教育

便利さへの対価は不純？

　科学には、元々、「金もうけ」という発想はなかったはずである。しかしながら、科学の兄弟分とも言うべき技術が成長するに連れて、問題がややこしくなった。それは、「便利にしてくれるデバイスを利用するための対価」という概念が勃興したことに端を発する。具体的には、科学の原理を利用して道具・機械などの技術を開発した場合、開発者（技術者）は「お金」をもらって／もうけてよい、とする考え方である。

一般大衆としては、その技術（道具・機械）を使わせてもらい、便利になったのだから、お礼の対価としてお金を払うべきだ、という論法そのものは、筋が通っていると思う。しかしながら、人間が元々潔癖主義を持っていることの帰結としてか、お金がからむと冷静沈着かつ合理的思考を展開することが困難になる事態が、身近に望見されることは、諸兄諸姉の皆様は、先刻ご承知のことであろう。根本にあるのは、

「お金は必要（悪）ではあるが、不純」

という最大公約数的な考え方である、と筆者は考える。幾何学の創始者であるユークリッドについて伝えられているエピソードは、その典型的なものであろう。学生が「幾何学を勉強して何の役に立つのですか？」と訊ねた所、ユークリッド先生は、金貨を示して「君はこれが欲しいのだろう」と言って追い返したそうである。

不純？なものは他人にやらせて軽蔑すれば良い？？

　潔癖（けっぺき）主義の人間は、社会の中では、比較的上位の階級・階層に属することが多い。この場合、「不純」を避けるために取られる方法の代表的なものとして、立場の上下を利用して、「他人」に不純の扱いを押し付ける、という手がある。当然、この「他人」が不純をうまく捌いたとしても、当たり前で感謝する必要はない、無視しておく、という対応が繰り返されることになる。
　シェイクスピアの名作喜劇で日本でも上演機会の多い「ヴェニスの商人」に登場するユダヤ人の金貸し・シャイロックには、世の中の実情が見事に反映されている。商人たちの必要に応じてお金を貸して、事業を成功させるのだから、見返りとしての利子を受け取る、というのは、相手方からの感謝も兼ねていて、しごく当然の考え方（現在ならウィンウィン）であるはずなのが、実際には、徹頭徹尾、軽蔑され続ける有様が、活き活きと描かれている。
　日本で、屠殺場での業務や刑死者の処理に携わっていた、「特殊部落」の住民たちがどのように世の中で扱われていたか、については、2022年に市川崑作品以来60年振りに再映画化されて評判になった島崎藤村の「破戒」を始め、いろいろな所で紹介されている。殊に、発端から冷静に考えれば感謝されるべき筋合いのことが、いわれなき軽蔑・差別に繋がっている点に、シャイロックの場合と似たような「からくり」の支配が明らかに認められよう。

既存の大学に工学部を置かないのが当たり前？

　10世紀に大学という学校組織が誕生して以来、技術者教育は大学の役割ではなかった。やらなくて当たり前という常識がまかり通っており、それは現在に至るまで根絶できていない。本書の最初にも述べた、ワシントン協定（WA）加盟国・地域の数がなかなか増えないのも、このことを反映している。
　大学を始めとする高等教育では、先に述べたのと同様の軽蔑・差別意識が災いし、科学を利用し、目的として金もうけを達成するような教育は行うべきではないとされてきた。創立年次の古い大学では、ヨーロッパでもアメリカでも、工学部を設置しないのが当たり前とされ、それは現在でも続いている。結果として、工学系の高等教育機関は、別個に設立されることが多かった。米国では、各州（現在50）に原則2校ずつ州立大学を置くことが決まっており、その名称は多くの場合、州

57

の名前のものと、そこへ「州立」を加えたものとなる（筆者が留学していたフロリダ州の場合は、フロリダ大学とフロリダ州立大学）ことが多いのだが、周知の通り、マサチューセッツ、ジョージア、テキサスの各州では、州立大学の代わりに「工科大学」の名称が使われている。これは学校設立時のいきさつが、そのまま現存していると見ることができる。

学生集めに苦労した初期の工学系高等教育機関

　現在でもなお総合大学に工学部のない所が多いヨーロッパで、「科学を基礎に技術者を系統的に育てる」という意図を以て最初に設立されたのが、1794年に設立されたエコールポリテクニク（フランス）である。世界で一番古い大学（ボローニャ）の開学からは実に、約1000年も後のことであった。しかしながら、工学系の高等教育機関学校が開校されると、その利点はたちどころに明らかとなり、ヨーロッパ各地で工科大学が設立されるようになった。教育の柱として位置付けられたのは自然科学と数学で、これは、専門となる技術の勉強に、合理的な基盤を与えることを目的としていた。ウィーン工科大学（オーストリア）もそうした機運に乗って設立された高等教育機関（発足当時は専門学校）の1つである。

　ヨーゼフ・シュトラウスという名前は、クラシック音楽好きの方なら良くご存知だろう。有名なヨハン・シュトラウス2世の弟で、彼も音楽の才能は「並み以上」にあったのだが、技術に興味を持ち、技術者としても活躍したという、有名な音楽家一族の中では、異色の経歴の持ち主であった。日本でも衛星中継されて元旦の恒例行事となっている、ウィーン・フィルのニューイヤー・コンサートでも、ヨーゼフの作曲した作品はしばしば取り上げられている。ワルツ「オーストリアの村つばめ」や「天体の音楽」は聴いたことのある方も多いのではなかろうか？太陽系の惑星が地球以外に5個しか知られていなかった時代、「何故5個なのか」を解釈する試みが多数行われ、天文学者ケプラーは正多面体が5個しかないことに注目し、各正多面体という殻（コア）に各惑星を収めた太陽系の構造を提案し、正多面体の寸法まで推算している。この場合、殻（コア）どうしが力を及ぼし合って音を出すという発想が古代ギリシャ時代からあったことからすると、「天体の音楽」はこのアイディアに基づいて作曲されたものであろう。彼の描いたイメージが「正多面体の相互作用」かどうかは定かではないが、もしそうだとすると、技術者らしさの反映と見て良いのではないか？

　余談であるが、5個の正多面体（4、6、8、12、20）のうち、正4面体の誘導体と、正6面体（立方体）、正12面体の構造を持つ炭化水素（炭素と水素だけから成る有機化合物）は、多段階工程ではあるが、合成可能であることが証明されている（図12）。

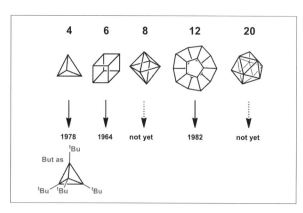

図12　5種類の正多面体と同じ構造を持つ炭化水素の合成の可否

閑話休題、兄ヨハンは、弟ヨーゼフの研究テーマ（物理化学）に興味を持っていたようで、その証拠となるような作品が残されている。ポルカ「常動曲」がそれで、当時の科学者が興味を示した「永久運動」を音で描いたものである。一曲に含まれる音符の数は余り多くないものの、繰り返しがある上、終止記号が楽譜に無いため、延延と続く。先に挙げたニューイヤー・コンサートなどでは、指揮者がユーモアたっぷりに「ビス」(止めて良し)と合図を送るのが慣例となっている（ぜひ動画などで観て下さい）。

本題に戻ると、ヨーゼフは乞われてウィーン工科大学の先生になったのであるが、初期には学生が集まらず、運営は苦しかったようだ。ヨーゼフが、資金集めと学校の宣伝を目的として、兄と計らって、チャリティーコンサートをしばしば開催したことは、クラシック音楽ファンであれば、周知のことと思う。

◆5-4. 第3の科学革命

ものづくりの栄光と黄昏

身の周りで起きる現象を観察したり、簡単な実験に取り組んだり、得られた結果に対して討論(debate)を行ったりという、科学に繋がる合理的思考を鍛錬する機会が金科玉条とされたのは、科学的知識の組み合わせによるイノベーションが、技術者にとっての主たるターゲットであった「ものづくり」にとって不可欠だったことによる。

身の周りで起きる現象が物質によって司られているという考え方は、古代ギリシャ時代から存在し、物質のふるまいを解釈するために、物質を構成する「元素」という概念が生まれたのは自然なことであった。現在では、元素の種類は原子核に含まれる陽子の数で決まるが、最初期の4元素は「水・火・空気・土」という、人間の営みに欠かせない4つのアイテムであった。このうち「火」はプラズマで、実は物質ではなかった、という事実は、「情報」が過去の科学の蓄積の上に立っていないことと相通じるものがあると思う。

全ての物質は元素から成立しているから、逆に、元素の性質を調べることにより、物質について解釈できる。複雑系（化学・生物学）の場合には、数学や物理学と異なり、根幹とされる柱が明確ではないものの、数物的思考を援用することにより、化学反応や生命現象のからくりは明らかにできるはずだ、とする原理的な信頼を持つことは可能である。この結果、技術を向上しイノベートするためには、既存の科学知識を援用すれば大丈夫だ、という考え方を疑う者は誰一人いなかった。少なくとも第1次世界大戦までは。もちろん、先に紹介した、工学系の高等教育機関が、技術者を育てる教育の柱として自然科学と数学を用いたのも、このような考え方に基づいている。法則性への信頼は、言うまでもなく科学の推進力であった。しかし、このような楽観的な観方が成立しなくなる時が到来した。それは「情報」という名の「黒船」の襲来によるものであった。

主役の交代

第1次世界大戦までの戦争は、外交の一環として位置付けられると共に、局所的なものがほとんどであった。日本の場合、日清・日露の両戦争は正しくそれであり、一定期間の実際の戦闘が行われた後は、傍観者であった周辺国に行司役を依頼して講和を結ぶ、という形で決着が付いた。これに対し、第1次世界大戦は、文字通りの全面的な戦闘で、従来の外交の枠内で処理すること

は無理があった。鍵となる所へ戦力を集中して効果的に戦果を挙げるためにも、正確に「情報」を手に入れることは、喫緊（きっきん）の課題となった。

技術が必要とする新しい科学を、という要求が出て来るのは、このような背景に基づく。20世紀初頭に登場したキーワードの代表は、

複雑さ、不確かさ、情報

ということになるだろうか。

このうち、「複雑さ」は複雑系の学問（化学・生物学）の進展と共に登場したものである。例えば、「生命現象」を取り扱うに際しては、数物的手法による（半）定量的解析を可能とするために、その存在自体は無条件で認め座標上に据えて扱うものの、同時に、その成り立ちを合理的に説明するための、新たな数物的手法の出現を促す、という手法で対応した。後者は、第2次世界大戦後に、「散逸構造」という研究分野として結実することになった。

次の「不確かさ」は、相対論や量子論の進展によってもたらされた概念であり、不確かではあっても、考察の過程でそれがどのくらいの大きさのものかを（半）定量的に捉える必要はある。これは、コンピューター技術の進展と相俟って、数値計算に関する様々な技法の発達を促すことになった。

情報の世紀へ

最後の「情報」であるが、これは今なお様々なトレンドが活発に増殖中であり、中々先の見通しが立っていない。逆に言えば、将来性が豊かで誰でも名を挙げるチャンスがある領域、ということか。

最初期には専ら、軍事という、外交の手段でなくなった戦争を、いかにして自軍に有利な結果をもたらせるか、という実際的な目的に直結した課題が取り上げられ。これはその後、周辺分野に多くの才能の関心を向けさせ、発展を推進していく原動力となった。

例えば、大砲の砲弾の品質管理の方法。生産した全数をテストしないでも、ある1つのロットが使用に適か不適かを判断するためには、95%以上の信頼性をもって、xy平面上に「適」の領域を表示する理論と具体的数式が不可欠であった。これを解いたのが有名なデミング博士で、第2次大戦後は指導的な統計学者として活躍した。米国がこの数式を、当時の敵国・日本に察知されないよう、必死に努力したことは有名である。

また、実際の戦闘での作戦を決めるための数理として開発されたのが、米国のオペレーションズリサーチ（OR）である。これは、例えば、ドイツ軍の潜水艦（Uボート）を攻撃する場合の哨戒（偵察飛行）で、爆雷を何発積んで飛行すると良いか、というような司令官の意思決定に関わる課題である。要は、飛行機の離陸可能総重量には上限があるため、爆雷を多く積めばその分飛行時間が短くなる（燃料を少なく積まざるを得ないから）、という条件の下で、敵のUボートを発見＝攻撃する確率を上げるにはどうしたら良いか、という問題を数理的に解く必要があった。ORで得られた知見は、第2次大戦後は、「敵と味方」を商売における「売り手と買い手」に置き換えた形で、様々な応用が拡げられている。

旧日本軍の暗号解読に決定的な役割を果たしたのは、チューリング博士により開発されたIBM

のENIAC計算機であった。但し、これは基本的に、電話交換機の機能に基づいて開発されたもので、神経伝達が電気的信号と化学的信号を繰り返して行われるのと同様に、電子計算機における情報と伝達も、別々の方式で進行するのを組み合わせたものであった。なお、情報も伝達も、同じ方式で一体化すれば高速化が可能であることを見出し、実用化に繋げたのがノイマン博士である。ENIAC計算機は、1950年、円周率2035ケタの計算結果を業界紙に発表したのを花道に、舞台から消えた。失意のチューリング博士は、40代前半で亡くなられたが、現代の私たちに繋がる技法の根を残して行ってくれた。それは、「失敗から学んで次回はより上手にやる」ゲーム理論で、これは結局、囲碁や将棋のようなボードゲームで、プロ棋士でも歯が立たないほどの強さを備えた、AIの開発へと繋がることになる。

ものづくり日本の凋落とリベンジの可能性は

　振り返って見ると、第2次世界大戦中に日本は、戦況の悪化と共にシーレーンを守ることが困難になりつつあったにも関わらず、技術に関しては、同盟国・ドイツの科学技術に頼りっきりであった。要はコピペであり、米国が繰り広げたような、技術と新しい科学が「ハイブリッド」することは、殆ど起きていなかったと言える。あれもない、これもない、となった末は、「機械には故障があるが人間は間違えない」などと、お決まりの精神訓。遠隔操縦の技術が不安定な結果、挙句の果てに特攻（人間が操縦して敵の艦船に体当たりする）…行き当たりばったりで合理的思考にほど遠い事例は、枚挙に暇がない。

　戦後は、まずは豊かな米国に生活レベルでキャッチアップする方向に徹したことも、この傾向に輪をかけたことは間違いない。結果として、いろいろな機材の開発・生産の面では部分的には優秀な技術的成果は残したものの、コンピューターのOSとか、近未来の根幹に当たる大事な部分は、何一つ開発できていない。ソフトウェアの先導技術で大きく立ち遅れていることは、周知の通りである。得意分野の内燃機関をベースとする日本の自動車技術は、米国をしのぐまでに成長した。しかし、世界の趨勢（すうせい）としては、2035年にはすべてが電気自動車に置き換わる可能性が大きい。このことが実現した時点で、要らない技術を切り捨てる決断をし得た日本の自動車会社は、果たして何社が生き残れるだろうか？心配になってくる。

CDIアニメーションの脅威

　21世紀の今日、「日本らしさ」を存分に発揮しているのは、ゲームとアニメであろう。日本発のゲームに人気があるのは描画とストーリーの両面で面白くなるように「頑張って」いるからであるが、数年前から、これを脅かす動向が顕在化してきているので触れておこう。

　私たちが普段目にする物象は3Dであるが、映像（映画やTVディスプレイ）として観る場合には、2Dの画面上で行うのが普通である。これを3Dとして観られるようにする方式は色々と出された（2色メガネやLVD、古いか？）ものの、映像世界の大勢を占めるには至っていない。理由は、右目用・左目用の情報を同時に収録して動画に盛り込み仕上げる手間（要はお金！）とは別に、観客が（わずかに）パンした際の見え方の違いを識別した上で、他の場面でも「3D的に」見て楽しんでいるからである。専用のビューアーを装着しなければいけないのが煩わしい、という理由もあるだろう。ともあれ、新型コロナウィルス禍の世界的蔓延により、いろいろな催しを対面で行うことが困難

となり、リモートで用事をこなす習慣が普及しても、その点ばかりは変わることがなかった。

　私たちの視覚能力の特性の残像効果を利用して、時間的には飛び飛びのコマ（カット）を続けて観ることにより、切れ目なく動いているように見えるのが、動画の一般的な原理である。原型はゼオトロープ。記録媒体は板ガラスからフィルム、ビデオテープ、HDメモリーへと変化したものの、実写だと1秒間に24コマが必要であるという原則は変わっていない。人間の視覚能力がそう簡単に変化しない以上、これは当然であろう。一方、アニメの場合は、1枚1枚の絵を描き上げた上で連続的にコマ撮りして制作することになるが、作画の手間も考慮に入れ、ディズニーが創始したフル・アニメの標準は1秒間に12コマであった（12枚の絵／秒）。これは劇場用の場合であるが、TV用の場合には毎週30分番組の放送に間に合わせる必要から、動く部分だけ作画（パート・アニメ；いわゆる口パク）した上で、全体の作業量も8枚の絵／秒に減らすという「8コマ方式」を、日本で手塚プロダクションが開発し、それが全世界に普及して標準となっている。これは、1秒間にたった8コマでも、動画を描く際の工夫で、自然な動きに見えるようにすることが可能なことが発見されたことによる成果であった。

　ところが、アニメの必要量は、21世紀に入ると加速度的に増大した。各国のアニメスタジオで国内外からの注文を受注する機会が増えると、子請け孫請けを含むアニメーターの不足が深刻化してきた。アニメの基本は複数のセル絵（人物だけ、背景だけ、という風に分けて描かれるのが普通）を重ね合わせたものに光を当て、反射光を1コマずつ撮影するという、これ又ディズニーが創始して以来、2D方式では世界標準だったが、それでは締め切りに間に合わない！これに対応すべく開発されたのが、CGI（Computer Graphic Imaging）を利用した3Dアニメーション（映像はもちろん2D）であった。

　この方式の優れている点は、実写映画では既に、信頼性が高いことが認められて長らく使用されてきた方法を、アニメに応用した点にあった。整理すると、

（1）背景や人物を別々のセルに描き分ける必要がなく一体で製作できる
（2）決まった動作パターンは、メモリーに入れ、後から再使用できる

もちろん、原画はきちんと描かれている必要はあるものの、これをひとたびメモリーに入れてしまえば、ある場面の一続きの動画を作成する手間が、「激減」できることになる。加えて、

（3）登場人物の特徴（顔立ちや服装）を作品内で統一できる

　従来の作画監督は労力の大半を「主人公の顔の統一」に費やしていた（原画を描くアニメーターにはそれぞれ個性があるため）のが、解放された。しかも、

（4）登場人物の顔をあとから「他人」に置き換えることも自在にできる

　実写映画では、既に亡くなっている俳優さんを「登場」させる場合、他の俳優さんに演技してもらってから、顔だけCGIで合成する、というのと同じ技法である。映画「ゴーストバスターズ

：アフターライフ」（日本公開 2022 年）では、過去作でスペングラー博士を演じたハロルド・ライミスが 2014 年に他界していたため、まず、ボブ・ガントン（および一部はアイヴァン・ライトマン）が演じて撮影した後、CGI で作成されたライミスの顔を合成して映像を完成したことが、舞台裏ネタ（イースター・エッグ）として発表されている。

　アニメの場合には、従来は、立体を平面画として描いてきたのだが、これだとあとから別の平面画を重ねる際に、どうしてもズレが発生することになる。3D で両方の絵を描いておけば、CGI では立体同士を合わせるポイントを数点定義することにより、完璧な重ね合わせが可能となる。重ね合わせたセル絵だと後からのズレが心配だったのが皆無となった。これが、CGI を利用した 3D アニメーション（映像は 2D）が考案された理由でもある（図 13）。

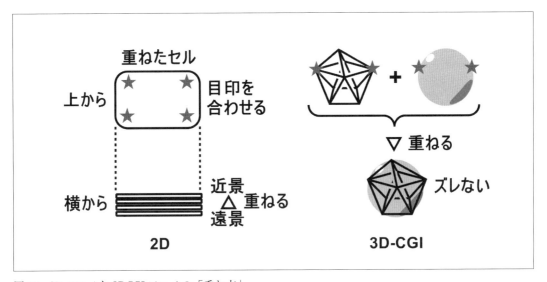

図 13　2D アニメと 3DCGI アニメの「重ね方」

「スピリット / 未知への冒険」を例として

　最近のアニメ作品で、キャラクターの顔の「張り替え」が行われたと考えられるものに、日本では劇場公開が叶わず DVD スルーとなった「スピリット / 未知への冒険」（2021 年）がある。主人公の少女ラッキーを含む 3 人組 PAL（ラッキー、アビゲイル、プルーの頭文字を取って命名）のキャラクターの顔立ちは、声の出演の俳優 3 人（イザベラ・マルセド、マッケナ・グレイス、マルセイ・マーティン）のそれに酷似しており、この 3 人の演技を実写版で観ているのに近い印象を受けた。新型コロナウィルス禍の真っ最中、実写映画の撮影が事実上ストップした時期の制作であったから、ファンサービスとして行われた可能性が大きいと、筆者は考えている。真相はさておき、キャラクターの「顔の張り替え」は、CGI アニメーションなら容易に行い得る、という点だけは納得していただけよう。

　因みに、このようなアニメの制作方法を考案したのは、中国のアニメスタジオである。米国では作品の内容とは別に「スピリット / 未知への冒険」をけなす人が多いのは、中国に対する敵愾心（てきがいしん）が根強いのではなかろうか？元々、ディズニーのアニメ部門が独立した DreamWorks が「中国式の技法」でアニメを制作したことへのショックがあるのかも知れない。

日本でも、もちろん、実写版の映画でCGIは多用されているが、これをアニメに応用する技法はついに開発できなかった。この事実は大きい。近い将来、AIを駆使して、観客の反応を計算した上でシナリオが自在に作れるようになってしまうと、人間が手を掛けて作る映画というのは、コスト面から見て絶滅の恐れがあるだろう。ある調査では、東南アジアの国々では、日本製アニメ（ジャパニメーション）よりも中国製アニメを観客が好む傾向が顕在化していることを、事実としてきちんと受け止め、新たな戦略・戦術の立案を進める必要があるのではないだろうか？

　映画「スピリット／未知への冒険」に話を戻すと、この作品は、2Dの平面アニメとして制作開始後、すぐに新型コロナウィルス禍に遭遇し、スタッフが集合して作業を行うこと自体が困難になったが、リモートでも映像のクリップをデータとしてやり取りできる3DCGIの長所を駆使して制作することにより、2021年6月4日、米国の劇場再開における最初の封切り作品として公開に漕ぎつけ、子供たちの夏休みに間に合わせることができたことを、特筆大書しておきたい。

日本における新しい動向

　3DCGIアニメーションという技法はそもそも、大量の受注をこなすため、1つの作品を完成させるために必要な時間を短縮することを動機として、開発されたものである。これを逆手に取って、浮いた時間（の一部）をその作品を充実させるために活用しては如何か？良いアイディアは、立場の上下を棚上げして行われる議論（dibate）の余裕から生まれてくる。日本発の3DCGIアニメーションは、スタジオジブリの「アーヤと魔女」（2020年）でスタートを切ったばかりであるが、更なる成果の発信を期待している。

◆5－5．小括

　成功体験というのは、あくまでも、限られた条件下での「おかげばなし」であるため、一般的な教訓を引き出し、後に活用することは難しい。日本はどうなのかと言うと、外国から見ればうらやましいほど、いろいろな分野で成功体験を重ねたことは認めて良いと思う。残念なのは、なぜそのプロジェクトがある特定の時期に成功したか、の帰納法的分析が不充分だった点だと思う。

　うまく行かないと、一切の努力を否定し、まず「昔は良くなかった」と決め付け、観念的（演繹的）にトップダウンで指示を出すような行き方は、もうそろそろ、卒業するべき段階であろう。

6 おはなし事例分析（1）スペックの決定に当たり技術面からでない思惑が入る場合（P）の検討

◆6-1. 緒言

帰納法的アプローチと演繹的アプローチ

　ものの順番として、PDCA の P=Plan に当たる事例から開始し、以下、D、C、A と順番に見て行くことにしよう。

　プロジェクトやシステムの設計に際しては、技術に基づく根拠の上にきちんと乗った議論を、飛ばさず、積み重ねて行くことが不可欠である。従って、出来る限り帰納（きのう）法的アプローチで進められることが望ましい。それは、プライマリー・ゴールを具体的に実現するための方法が確立・確保されているからである。しかし、これだとどういうゴールに向かって進んでいるのかわからず、途中で不安を覚えることもあるだろう。

　そこで、登山になぞらえて言うなら、時折、至近距離にある尾根が望める峠のような平坦な場所に出て、ゴールの位置を確認しながら、一休みの後、歩を進めるというやり方にも一利ある、ということはお分かりいただけよう（2倍速視聴やファスト映画鑑賞を奨励するものではないが）。ここがゴールだよ、と予め提示しておく議論の仕方を演繹（えんえき）法と言うが、これだと、概念は提示されるものの、それを達成するための具体的な方法は不明確、ということが良く起こる。もちろん、「真理」は1つである以上、帰納法であれ演繹法であれ、最後のゴールは同じはずなのだが、途中で紆余曲折が起きた時点におけるとりあえずの解決法が、必ずしも明確になっていないという問題点は、演繹法的アプローチには常時付いて回る。

付加式発想法と問題点

　いろいろな計画には、最初に計画した時にはなかった目的が付け加えられることが良くある。これは演繹法に基づく付加式の発想法で、私たちの周囲のいろいろな場面で良く見られるものであるが、実は要注意。というのは、帰納法では保証されていた安全な範囲から、そうではない「トワイライトゾーン」へ一歩、踏み出す必要があり、充分に慎重に物事を進めないと、事故を招来するからである。

　はなっから、わざと事故を起こしたい、という人はそういないだろう。むしろ、みんなが善意を持ち寄って熱心に、という機会の方が多いだろう。それであっても、押さえるべきポイントを外し続けると、小事故、更には大事故という悪魔が忍び寄ってくる。これをアマビエよろしく撃退するには、悪い条件が重なり合うと一体何が起こり得るか、先を読む想像力が不可欠となる。事故というものが、いつも普通に身辺で起きている事例とは、かけ離れたものであることを忘れてはならない。

　ここでは、「P=Plan」の主旨に則り、スペックの決定に当たり、技術面からでない思惑が入り、それが終局では大事故に繋がった事例を取り上げ、検討を加えてみることにしよう。まずは、越前福井の事例からスタートする。

◆6−2. 玉川海岸崩落事故（1989年、福井）

国道305号線

　一括して越前海岸と称される福井県内の日本海沿岸。この海岸に沿った道路は、漁港に直結した集落を出外れると極めて狭隘（きょうあい）であったため、人や物の往来は船運に頼る時期が長く続いた。自動車通行が可能な道路の開通は、太平洋戦争後の1954年、玉川−左右（そう）の区間が最初であった。福井県には内陸部に、古くから北国街道として知られる国道8号線があったが、特に山間部で一車線・一車線の対面通行区間が多いため、日本が高度成長期に入り貨物輸送が急増すると共に、ボトルネックとなってきた。そこで、国道8号線の救済と災害時のバイパス（2024年3月の北陸新幹線の金沢─敦賀の延伸も、これが目的の一つ）を兼ねる形で1970年に完成した並行国道が、国道305号線である。

30年経った事故現場　Ⓒ福井新聞社

図14　越前海岸　Ⓒ福井新聞社

　越前海岸は、連続した海食崖（かいしょくがい）が海岸まで迫るという独特の地形であり、凝灰岩が最上部を占めている箇所が多い。現地の気候は、夏の酷暑と冬の季節風が繰り返し襲来するため、凝灰岩でできた岩盤は波風による浸食を受け崩れやすくなっている。一方、道路整備のための工事を行おうとすると、予定される路面の高さの位置には、粒度の大きな礫（れき）岩層が拡がるため、掘り崩すことが難しい箇所が多々あり、かといって爆破して崩そうとすれば、上部に続く岩盤の崩壊を促す恐れがある、というやっかいな構造をしている。

　費用を考えれば、海岸沿いの既存の道路を掘り広げるのが第一であるが、それが先に述べた理由により無理な場合には、バイパスする必要がある。具体的には、

（1）内陸側にトンネルを掘るか、
（2）海岸の岩盤に人工地盤を築きその上に高架道路を建設するか、

のいずれかとなる。国道の指定を受け、整備が優先されたことと、工法の進歩により選択肢が増えたこととが相俟って、道路整備の進捗は、それ以前に比べて明らかに加速した。

国道305号は高度成長期に国道8号線のバイパスとして陸上輸送を支えた。安定成長期に入り、当初の使命が終わった後は、独特の景観を楽しめる観光道路として、四季を通じて福井県内外から多くの観光客が好んで訪れる定番ルートとなっているのは、周知の通りである。奇岩として著名な屏風岩、鳴鳥門、越前岬、東尋坊を始め、多くの漁港や海水浴場、温泉が点在し、海産物も豊かで、観光資源に事欠かない一帯なので、新型コロナウィルス禍明けには、間違いなく、以前の賑わいを取り戻すことであろう。

越前海岸と海食崖

　だが、国道305号線の歴史は、海食崖との戦いの歴史でもあった。自動車道路が整備され、交通量が増え、更なる工事が重なるとともに、落石による小事故が増えていった。玉川－左右の自動車道路の開通からわずか4年後の1958年に起きた落石事故は、それまでに起きたものより大規模であったことから、大きく報道され、世間が注目する所となった最初の例である。これは、1989年の崩落事故があったのと同じ地点で、より上部の崖からの落石が直下の道路でのコンクリート打ちの工事の際に起きたもので、結局は、岩盤そのものの落下に至った。更に1977年、上記の場所より僅かに北寄りの地点でも、玉川第2トンネル（当時）の拡幅工事の際に岩盤の落下が起きた。いずれの崩落事故も、工事従事者が避難したか、または不在となる早朝の時間帯に起きたため、幸運にも人的被害は免れた。

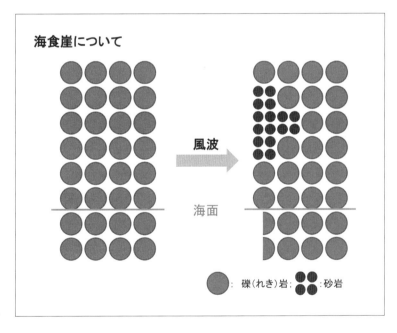

図15　海食崖の発生

　海食崖は、礫（れき）岩とそれが微細化した凝灰岩（砂岩）の堆積でできており、先に述べた2回の崩落では、正にそのもろい「砂」の箇所が崩れたものと推定されている。加えて、1977年の崩落地点には、近世に活動記録を持つ活断層が存在していた。しかも、落石の最大のブロックは約5tもある大規模なものであった。崩落防止のためには、これまでも、もろくなった岩石に漆喰を塗り網を掛けるという、標準的な応急措置が取られてきたのであるが、これだけ大規模な崩

落が起きては、もはや放置するわけには行かず、根本的な対策を取ることが不可欠となった。当然、国道の海岸沿いの通過位置を変える検討も行われた。

ところがここで、意外な難問が降って湧いた。玉川洞窟観音の存在である。

現在の玉川洞窟観音　©福井新聞社

玉川洞窟観音

　通称「玉川観音」は、長年に亘り、海上安全を祈願する船の乗組員や漁業者の守り神として崇拝されてきた。航海者にとって海が荒れたときの近場の陸地の入江等のへこみは、船の安全を確保する命綱である。だから、海の表情が切り替わる越前岬のごく近傍の玉川の地にあった洞窟は、北前船のような定期航路が定着するはるか以前から、船を一時的に避難するための錨（びょう）泊地の決定版として頻繁に利用されていたことは、まず間違いない。だから、自然発生的に信仰・崇拝の対象となっていた所へ、偶々、観音像をこの地に祀る機会を得て、「宗教施設」としてのスタートを切ったと推定できる。由来の1つとして、網にかかった観音像を漁師が引き上げて洞窟に祀（まつ）った、というのが多くのSNSサイト等で述べられているが、これはいわゆる「美談」であって、近海で事故があり、助かった遭難者が船の「積み荷」であった観音像を洞窟内に置き、亡くなった仲間の供養を行った、というのが真相に近いのではないか、と筆者は想像する。

　玉川洞窟観音は、泰澄大師作と伝えられる十一面観音像の他、巡礼各寺の観音像33体（複製）が安置されており、西国三十三所観音巡礼の第32番札所として重要な位置を占めているが、天然の洞窟内にあるため、昔は舟で渡らないとお参りができなかった。このような立地条件の玉川洞窟観音が、全国でも有数の観光地となったことには、国道305号線の整備が深く関係している。即ち、玉川－左右の自動車道路開通の際、一部海岸沿いの道路が狭隘（きょうあい）のため、わずかに海食崖を削り取るようなルートを取らざるを得なくなった際、トンネルの海岸側の壁が玉川洞窟観

音の洞窟と、偶々接していたことから、設計を変更し、洞窟のトンネル側に開口部を設けることにより、陸上からも観音像にお参り（目視で！）できるようにしたという経緯があったのだ。現場は一車線・一車線道路とはいえ、その後の改良工事の結果、上記の開口部の前後は道幅が広くなっており、自動車を一時停止して「お参り」することができるようになっていた。「玉川観音」は海上交通だけでなく、陸上交通の安全をも祈願するスポットへと飛躍していたのであった。

技術面からでない思惑の発生と衝突

　観光客に名所を迂回されることは、現地にお金が落ちなくなるという面だけでも地元にとってダメージが大きい。しかし、玉川海岸の道路工事に際しては、「多くの人に御利益を与えている所を素通りさせては罰が当たらないか？」という懸念の方が、より強く出された。ここに、迷信とばかり言い切れないものがあることは、諸兄諸姉にはお分かりいただけよう。工事に少なからぬ影響を与えたのは、無理からぬことであったのだ。

　海岸に面した道路の位置を変えるためには、先にも述べた通り、内陸側にトンネルを掘るか、海岸の岩盤に人工地盤を築きその上に高架道路を建設するか、いずれかの案を採ることになる。しかしながら、内陸側のトンネルにすると、玉川洞穴観音が「素通り」されてしまうこと、海岸に柱を立てて高架道路を敷設するのは、漁場に悪影響が懸念されることにより、いずれも近隣住民の支持が得られなかった。

　暫定的に、落下した岩石を避ける形で海岸の一部を埋め立てた迂回路を作ったものの、海抜わずか7mほどの高さで、波浪に対する安全性が懸念された。そこで、落下した岩石の一部を削り取り、道路を直線化することにより道路の位置を幾分、内陸側に移動（海抜約10m）した上で、道路の上部に落石防止用のロックシェッドを建設する工事が1985～1986年にかけて行われたのである。

崩落事故の前兆

　ロックシェッドの工事期間中と思われる、1985年9月撮影の現場写真には、既に岩盤に亀裂があることが記録されていたものの、問題視されることがなかった。もしも工事現場が、1977年に崩落事故が起きた位置のすぐ南側の崖であることを知っていたら、対応は変わっていたかも知れない。更に、1989年7月14日、崩落事故の2日前に現地で偶々スナップされた写真にも岩盤の亀裂が写っており、開口部が約25mにまで成長していたことが、事故調査の過程で確認された。

　言うまでもなく、シェッドが耐えられるのは通常の落石事故である。岩盤ごとオーバーハング（剥離）して落下するような事態には、とても耐えられない。1977年の崩落では、岩盤ごと落下したとはいえ、幸いにもそれは一体で地上に激突したわけではなく、最大の岩石の破片は約5tのものであった。だから、新設されたロックシェッドが40m上から500kgの岩石が激突しても、1つの力点に100tかかったとしても、持ちこたえられるように設計されたのは、1977年に起きたのと同種の事故が、それより何倍か大きいスケールで発生したとしても安全を確保するためであった。このような態勢で、運命の1989年7月16日、15時15分を迎えることになる。岩肌を漆喰で補強する対策は度々取られていたし、定期的に視察が行われていたから（事故の4時間前には異常は認められていない）、そこが要注意の箇所であることは、関係者の間では充分認識されていたであろう。ロックシェッドも新設されて、たとえ崩落事故が起きても小事故（incident）にとどめる

自信はあったはずである。しかしながら、結局の所、大事故（accident, catastrophy）の発生を防ぐことはできなかった。

バブル経済絶頂の年に

　昭和天皇が1月7日に崩御され、翌8日から平成元年となった1989年。前年夏の陛下の発病と重態化から崩御を経て2月24日の大葬まで続いた重い空気は、好調な経済活動のおかげで急速に薄らぎ、程なく、次の歌詞に象徴される空気に、日本中が包まれることとなった。

　♪黄色と黒は元気のしるし、24時間戦えますか・・・（リゲインのCMソングより）

　年末に絶頂を迎えることになるバブル経済。規模の大小に拘わらず、企業には仕事が引きも切らず、正社員をいくら補充しても追い付かない。大学（もちろん、福井大学も）の場合は、就職希望者が全員就職しても、更に求人が来るという、今では想像もつかない時代であった。
　後から考えると、これは世界的規模でグローバル経済が進行して行く、いわば端境（はざかい）期の一時的な現象であり、折よく当時の日本が一瞬の「美酒」を味わっただけのものであった。そうは言っても一瞬とはいえ「煮え湯」を飲まされた米国としてはたまったものではない。筆者はちょうどこの当時、文部省の在外研究員として米国に滞在していたが、顔なじみの大学職員がレイオフによる時短で、いつもより早くそそくさと帰って行くのを見るにつけ、ただ事ではない空気をしっかりと感じた。米国政府が、グローバル化の下で次に立ち上げ世界をリードすべき産業分野を「情報」と見定め、いち早く反撃に転じたことは周知の通りである。TVでも日本研究の成果として「Japan since 1945」という1時間物のドキュメンタリーが8回連続だったかで放送された（その一部は現在でもYouTubeでサブスクすることが可能）。
　話を戻して・・・夏休みの時期を迎えた観光地はどこもかしこも天手古舞していた。その中に、お隣りの滋賀県は彦根市の食品会社の慰安旅行の参加者15名があった。この一行は、事故前日の15日に地元を出発し、往路は高速道路（北陸道）経由で石川県の粟津温泉に至り一泊した。翌16日の帰路は、福井県内では越前海岸に沿った国道305号線を走り、景観を楽しみつつ帰途に就こうとしていた矢先、惨事に遭遇したのであった。

事故発生！

　崩落事故の瞬間を目撃した人は2人あり、惨事発生直後の状況を生々しく伝えている。目撃者の1人は、シェッド近くの岸壁上で磯釣りをしていた所、午後に入り、しばしば、細かい岩石が落ちて来るようになったため、身の危険を感じてシェッドから遠ざかる位置へ少しだけ移動し、磯釣りを続けていた最中、事故に遭遇した。幸い、落石の進路がわずかに逸れたため、目撃者本人は無事であったものの、シェッド入口付近に駐車していた自家用車は落石の直撃を受けて大破するという被害を受けた。
　もう1人の目撃者は、シェッド近くの海岸から300mほど沖で操業中だった漁業従事者の方である。シェッド上部の岩壁がオーバーハングする形で亀裂が開口するのを目撃し、危険を陸に知らせるべく急いで舟をこぎ出して間もなく、岩塊が落下したとのことで、岩が口を開けてから落下に至るまでの時間は10秒程度しかなかったとの証言が、当時の福井新聞に掲載されている。

また、事故車のすぐ後ろを走っていたマイクロバスの乗客が、当時流行していたホームビデオで偶然、事故発生の瞬間をとらえた映像は、YouTube上で驚異的な再生回数を記録するアイテムとして、惨事を今に伝えている。シェッドの出口近くを走るマイクロバスのカットに続いて轟音が入り、画面は真っ暗になり、撮影者のバスは急停止。約3秒後、画面は明るくなったが、すぐ前を走っていたはずのマイクロバスは跡形もなく、代わりに岩石の山が目の前に出来ていて、行く手を完全に遮っている、という貴重な記録である。

検証

　このときに落下した岩は、ロックシェッド上部の岩盤（1958年の箇所よりは下で路面に近い位置）が剥がれ落ちたものであり、その総量は、事故調査の際、約1500tと見積もられた、実に膨大なものであった。1958年と1977年に起きた崩落事故の規模を遥かに超えており、シェッドは落下した岩塊の激突と同時に崩壊し、ちょうど真下を通過中だったマイクロバスの頭上に、岩塊の破片と共に「のしかかった」のである。

　救援のための発掘作業は、事故発生の急報を受けた県警により派遣された多数の作業車の現地到着と共に開始された。しかし、シェッドに強度を持たせるために含ませた大量の鉄筋に切削作業を阻まれ、本来の高さの3分の1程度まで押しつぶされたバスの車体が掘り出されるまでに丸一昼夜を要した。バスに乗っていた15人は、残念ながら、すべて圧死体として収容された。先に紹介したホームビデオの映像から見て、バスの車体は、この発見時の寸法近くまで、事故発生後長くても1秒程度で、押しつぶされたと考えられるので、発掘作業がもっと速やかに進捗したとしても、この15人を救出することは不可能であったろう。バスの車内からは、水筒や酒瓶、おつまみや、家族へのおみやげが発見された。カラオケマイクや血染めのトランプは、事故発生の瞬間まで何の予感も抱かず、楽しかったであろう車内の様子を彷彿とさせ、観る者の涙を誘った。

後日談

　この大事故のあと、現場のシェッド前後の道路は立ち入り禁止となったが、更なる崩落が危惧される状態であることが明らかとなったため、岸壁の内陸側に新たにトンネルを掘ることが速やかに決定された。工事中は海側に迂回路を設けたことは言うまでもなく、奇しくも、1977年の崩落のあと提案された2案ともが活用されることになった。加えて、玉川洞窟観音自体も移転（新しいトンネルの敦賀側出口脇の海岸側へ）することになり、何とも皮肉な結末を迎えることとなった。

　人間は××原人のときから進歩がないと言われるが、今回の事例でも、貴重な人命が失われてやっと重い腰をしぶしぶ上げたわけで、これまでの幾多の事例で指摘されてきた、取るべき対策のオプションの分岐点で、又しても後手を引くことになった。福井の地元の事例であるだけに誠に残念である。

　事故発生から30周年を迎えた2019年の福井新聞に、事故の目撃者であった漁業従事者の方の談話が掲載された。未だに、何か打つ手はなかったのだろうか・・・と、考えることがあるそうで、事故の重みを感じさせられる。

　どうしようもなくなる前に先手を打ち得た事例として、越前海岸の奇岩名所の一つである呼鳥門を挙げておきたい。ここは、2002年まで、アーチ型の岩の下を国道が通過していたのを、内陸

側にトンネルを掘って迂回する形に作り替えられ、以前国道だった部分は記念公園となっている。呼鳥門の前後の国道に施された措置は、通行中の車の屋根への落石（細かいものではあるが）が多くなったこと受けてのものであった。ややオーバーセーフ気味ではあったものの、玉川海岸での事故の教訓が見事に活かされた事例と言えよう。

安全は吠えない犬

　安全は吠えない犬、という言葉がある。要は、当り前の状態を保つには、水面下で、並大抵でない努力（アヒルの水かきを思い浮かべて欲しい）が必要だ、という意味である。この場合の努力には、最悪の事態が起きても何とか切り抜けられるようにすることの他、条件が変わったら起こり得る事態への想像力も含まれる。越前海岸は、水仙の聖地として知られるが、玉川－左右間や呼鳥門よりも北寄り（東尋坊に近い）の地点、具体的には、福井市赤坂～居倉間で最近起きた崩落は、上に示したような姿勢・心構えの大事さを教えてくれる事例と言えよう。

施工方法の変更で生じた落とし穴

　崩落の発生は、西日本豪雨と共に永く記憶されるであろう2018年7月7日のことであった。当地の上空にも線状降水帯が居座り、繰り返し大雨に見舞われた。その最中、夜更けで通行が途絶えていた時間帯に大規模な崩落が起きた。土砂流出は、国道の路盤そのものを約100mに亘って破壊した上、海岸にまで到達した。国道305号線は不通となり、敦賀から東尋坊へ向かうためには、海岸部から内陸へ向かう道路が少ない地域であるため、梅浦から大味までの約10km間は、内陸部の織田（織田信長を輩出した一族の旗揚げの地）を迂回せざるを得なくなった。国道が破壊されたことと、海岸に舟を着脱できなくなったことに対応するため、崩落現場の周囲をコの字型に迂回する交互通行1車線の仮設道路（名称は迂回路桟橋）を海側に設ける工事が行われ、やっと10月31日から自動車による通行が再開された（要するに、カニと水仙祭りの時期に間に合わせた）。引き続き、国道の部分については路盤から作り直す工事が行われ、翌年夏にようやく国道305号線自体での通行が再開されたのである。

　崩落の被害者がなかったのは幸いであったが、見回りによる点検では、異常が報告されたことのない個所であっただけに、関係者のショックは大きかった。現地調査の結果明らかになったのは、岸壁の表面を覆い固める場合の施工方法の変更の結果、内部の歪みが耐えられなくなるぎりぎりまで、表面には異変が現れて来ないという事実であった。即ち、保護壁の耐久性を長くするために「良かれと思って」変更された新しい施工方法の結果、これまでの見回り点検の方法では、目視で事前に異変を感知することがほとんど不可能に近いことが、明らかにされたのである。施工方法の変更の時点で、見回り点検の仕方が従来法＋αで大丈夫なのかどうかの検討は、果たして行われたのであろうか？

事故は拡大再生産する

　振り返って、越前海岸で1989年に起きた崩落は、幾多の先例を持つこのカテゴリーを踏襲する形で進行してしまったことが明らかである。以下に要点を整理してみる。

小規模な崩落が間欠的に起きていた
↓
(特筆される規模）岩盤崩壊による崩落（1958 年）
↓
対策：これまで通りの補修（しっくい＆ネット）の継続・・・事実上対策取られず！
↓
岩盤崩壊による崩落の大規模化（1977 年）
↓
対策：道路位置を海岸寄りにずらす＆見回り点検
↓
代替道路の標高が低い問題点の指摘
↓
対策：道路位置を（ほぼ）原位置に戻し、ロックシェッドを併設（1985～6 年）
見回り点検の継続
↓
岩盤の亀裂の発生が写真などによりたびたび確認される
↓
見回り点検の継続
↓
岩盤のオーバーハング崩落事故発生、15 人死亡（1989 年）

　岩塊がロックシェッドを直撃し、シェッドの残骸が丁度真下を通過中だったマイクロバスを押しつぶした。タイミングがあと少し早ければ、あるいは、あと少し遅ければ、事故には至らなかったことは明らかであり、亡くなった 15 人の方たちは、運が悪かったのだという見方も出来よう。しかしながら、上に挙げた流れ図を見れば明らかなように、「対策」に引き続く「見回り点検」が有効に機能していれば、大事故への連鎖は食い止められていたはずである。何故、そうはならなかったのだろうか？
　ポイントは、亀裂発生がしばしば認められていた（観光スナップ、研究者の撮影など）にも拘わらず、具体的な報告を関係部署に挙げるシステムが無かった点にある。見回り点検を行う現場に、危機意識が共有されるような形で、有効な情報伝達が行われない状態が続く限り、いつかは惨劇が起こらざるを得なかったことは、まず間違いと言える。
　仮に、当座は有効と認められる対策を、事故発生に先手を打って採ることができたとしても、それでいつまでも安心とは言い切れない。2018 年の崩落の発生は、類似の事故が形を変えて再発することを教えている。越前海岸に於ける一連の崩落では、1989 年に 15 名の犠牲者が出たのを除いて死亡事故は記録されていないとはいえ、小事故（インシデント）を含め、死者の有無は、柳田邦男氏の著作でも度々強調されている所であるが、偶然の要素によることが多い。
　1996 年 2 月 10 日の豊浜トンネル坑口上岩盤崩落（20 名死亡）や、2021 年 10 月 27 日のリニア新幹線瀬戸トンネル（岐阜県中津川市）内の非常口用トンネル掘削に伴う岩盤崩落（1 名死亡）は、

越前海岸と類似の事態の発生が死亡事故に繋がった事例であった。前者は冬場の地下水の凍結が、また、後者は火薬による発破の繰り返しが現場上部に連なる岩盤の亀裂を徐々に成長させたと考えられている。山が海岸に迫り平地が少ない我が国においては、いちばん身近で起こり得る事故の一つとして、みんなで意識を高めて取り組む必要があると思う。

教訓

　平時において、大抵のことがルーティン（事なかれ？）で済む空気の下で、新たな危険を惹起する可能性を想像し指摘することは、期待する方の無理というものである。加えて、日本社会は同質性を求める傾向が強い上、言霊（ことだま）信仰も根強く残っているため、人と違うことを言い出すのには勇気が要るからだ。しかしながら、いざ、その時が到来した場合、組織としての動きが円滑に行かないならば、大惨事を招来すること請け合いである。

　ロシアの有名な数学者のジョージ・ガモフが好んで行った「思考実験」のような、ひねった（ひねくれた？）頭の使い方を、日頃から心掛けると同時に、見落としを防ぐ勉強法としてのディープ・ラーニングのようなAI時代ならではの技法も活用すると良いと思うのは、果たして筆者だけであろうか？

◆ 6 - 3. スペースシャトル事故（1986年、2003年）

宇宙往還機

　これは、技術者倫理関係科目のテキストで、一番多く取り上げられている有名な事例であり、思惑が加わった結果、スペースシャトルが宇宙往還機として失敗作の烙印を押されることになった物語である。

　惑星のまわりを周回する物体は一般に衛星と呼ばれる。地球にとっての月が天然の衛星であるのに対し、人類が人工的に作って地球を含む天体を周回できる軌道に送りこんだ物体が人工衛星である。地球には、赤道上空を中心にドーナツ状に取り巻く強力な磁性帯（バン・アレン帯）があり、太陽から飛来する荷電粒子の地表への到達を最小限に食い止めているが、これは人類が作った電子機器にも悪影響を及ぼすため、地球を周回する人工衛星の軌道は、バン・アレン帯を避けて設定する必要が出てくる。具体的には、地球から見て、バン・アレン帯より向こう（遠く）又は手前（近く）ということになるが、これらはそれぞれ、地球高軌道（GEO）および地球低軌道（LEO）と呼ばれる。

　地球全体（半面）を観測する、気象衛星のような「上げっぱなし」の衛星はGEOを使用し、周回速度もゆっくり目に設定される（静止衛星は、地球の自転速度に等しい公転速度で地球を周回しており、空間の一点に静止しているわけではない、念のため）。これに対し、人間が一定期間、宇宙空間にとどまり活動するために利用する衛星（ISS=国際宇宙ステーションなど）は、LEOを使用し、周回速度もGEO上の衛星より速目に設定される。理由はもちろん、人類の生存に不可欠な酸素（呼吸用の他、水素と化合させて生じる発熱のエネルギーを電力とし、同時に水も確保）や食糧などの物資を、定期的に衛星に送り込む便宜のためである。また、滞在するクルーは時々交代する必要があるし、廃棄物もあるだろう。

　人と物を地表とLEOの間で行き来させるために必要な乗り物は、一般に、宇宙往還機と総称される。だから、英語の「スペースシャトル」は、本来は普通名詞であったものが、NASAが開発

した特定の機体に対してのみ使用されていることになるが、人も貨物もいっしょに搭載できる初めての宇宙船である以上、この程度の特権は許容範囲と言うべきであろう。シャトルと聞いて真っ先に思い浮かぶのは、今ではバドミントンの「羽根」（パリ・オリンピックでの山口茜選手の奮戦はご覧になりましたか？）であるが、元々は「機織り」を意味する言葉であった。ずらり並べられた縦糸に向けて、一本一本横糸を通す作業が、往復運動だからである。

スペックの確立

　LEO に衛星を送り込み、必要に応じて地上に帰還させるために必要な宇宙往還機のスペックは、1950〜1970 年代にかけて確立されたと言って良い。1957 年のスプートニク 1 号（ソ連 = 当時）を嚆矢（こうし）とする無人の人工衛星により、地上から LEO に到達するためには多段式ロケットを用い、かつ、切り離しにより元のロケットの大部分の重さを捨てて加速する必要のあることが確立された。次いで、ジェミニ計画（米国）に代表される有人の LEO 周回飛行により、最終的に乗員を地上に帰還させるためには、宇宙船には大気圏突入時に耐熱シールドが、また、着陸前にパラシュートによる減速が必要であることが確立された。更に、アポロ計画（米国）で開発されたサターン 5 型ロケットは、20t もの重量物を搭載して打ち上げることができた。ISS の嚆矢ともなるスカイラブ（米国）は、このサターン 5 型ロケットにより打ち上げられたものである。

　以上により、LEO に止まり続ける重量物と、一定期間後に地上に帰還する必要のある飛行士とを、LEO に確実に送り届ける技法が確立されていた以上、このマニュアルに沿って進めて行けば、ISS はとっくの昔に稼働出来ていたはずである。しかしながら、歴史はそのようには進まなかった。

冷戦・環境問題

　第 1 の要因は、1950 年代に勃発し、その後約 40 年にわたって続くことになる米ソの冷戦であった。第 2 次世界大戦末期に原子爆弾が技術的に可能となり、これが世界各地に配備された結果、次に世界大戦が起きようものなら、人類そのものの破滅につながりかねない。そこで、戦いの舞台はもっぱら「情報戦」へと移行することとなり、その目的のために、第 2 次世界大戦中に開発された軍用ロケットの子孫ともいうべき人工衛星が利用されることとなったのは、ごく自然な成り行きであった。

　第 2 の要因は、化石燃料の大量消費を前提として成り立ってきた文明が、資源の枯渇という現実に直面し、転換を迫られたことにあった。

　以上、2 つの要因は、スペースシャトルの開発に、少なからず影を落とすことになった。

設計のポイント

　宇宙往還機の設計に際して一番注意すべき条件は、LEO から成層圏を通って地上に戻るとき発生する、大量のまさつ熱にある。いくら素材の改良により耐熱性を高めても、赤外線を化学結合の振動エネルギーとして吸収した結果、「物体が熱くなる」ことを完全に防止することは、原理的に不可能であるし、だいいち、重い素材にしてしまえば、そもそも地上からの打ち上げに難儀することになる。だから、熱遮蔽板（重い）は最小限に止め、それで防ぎ切れない熱は、化学物質の蒸発熱として放散する必要がある。だから、カプセル型宇宙船はまず例外なくこの 2 つの熱遮蔽システムを両方とも使って乗組員の安全を確保している。宇宙船に掛かる熱ストレスを小さく

するには、次の2つの方針が大事である。即ち、

（方針1）機体の構造はなるべくシンプルなのが良い
（方針2）機体が外気に接する面（通常下の面）はなるべく小さくしたい

翼を持つ往還機の誕生

　残念なことに、スペースシャトルの設計は、この2つの方針に共に反してしまった。決定打となったのは、翼の存在であった。翼は、言うまでもなく、空気抵抗を利用して揚力を発生させ、飛行物体を空中に浮き上がらせるための仕掛けである。しかし、スペースシャトルの場合、空気が極めて薄い宇宙空間を飛行する時間が大半（翼は有っても無くても同じ）であるため、大気圏に突入して速度が落ちてから着陸するまでの15分くらいしか、翼による揚力発生は有効でない。では何故、翼が付けられたのか？理由としては以下の3つを挙げることができる。

（理由1）米国は飛行機大国、飛行体が翼を持つことに疑いを持たなかった。

これに加えて、

（理由2）米ソ冷戦の最中、米国国防総省（ペンタゴン）がソ連のスパイ衛星を捕捉する性能を持たせることを期待した（予算を付けた）。それは、衛星を捕捉して即、味方の基地に戻るには大気中で旋回できる必要があったからだとされる。

もう一つ、これは日本でもよく起きている話であるが、

（理由3）官需なので、民間が大規模な計画を望んだから。

　現在でも、外国ではマスクを掛けることは、原則当人が決めて良いのに対し、日本ではマスク文化が定着していることもあるが、マスク製造業者が食うに困る事態は避けたい、という話題がしばしば出されてくる。金額の規模は違っても、やっていることは変わりませんね！

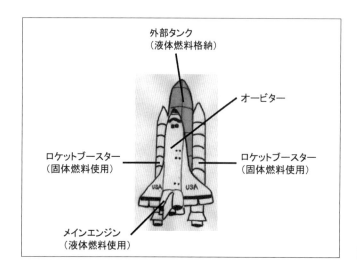

図16　スペースシャトルの全体像

長所・短所

もちろん、メリットはあった。即ち、

(長所1) 液体燃料タンクは毎回使い捨てとなるが、オービター（シャトルの本体、軌道船）と使用済みの固体ブースター2基は再使用可能。
(長所2) 宇宙飛行士7名が2週間LEOにとどまり作業や実験に従事することができる。

しかし、反面、以下のようなデメリットには注意が必要であろう。即ち、

(短所1) 打ち上げ時には翼を持つオービターに液体燃料タンクとブースターをリンクしておく必要があるため、機体構造が複雑化した。
(短所2) リサイクルを容易にするための設計により、連結部が弱点となった。
(短所3) 機体の外側に位置し、まさつ熱で損傷する耐熱タイルの交換＆点検に手間ヒマがかかった（人も物も運ぶとなると、当然、人の安全を基準にする必要がある!）。
　→打ち上げコストの押し上げ＆打ち上げ間隔の長期化を招いた

　米国の威信がかかるプロジェクトである以上、リスク評価は徹底的に行われたはずである。しかし、事故というものは、その時点での人知の及ばない領域で起こるというのがコモンセンスである。スペースシャトルの場合も、その弊から逃れることはできなかった。運用中に悪い条件が重なることにより、予想もしなかった要因が、致命的な事故原因となったのである。

2件の機体全損・死亡事故について

　2件の大事故については、いろいろな場所で議論が行われているので、本書では、結論部分だけ挙げておくことにしたい。

1986年チャレンジャー事故の原因

　これは、冬、寒冷下でゴム製のパッキングが硬化したことが原因であった。固体燃料ブースターは、「輪切り」になった形状の部品のまま運搬し、発射場で最終的に組み立てるものである。ブースターをテキサスやフロリダといった発射場の近傍で製造すれば、最初から一体型で良いはずであるものを、どうして遠隔地で製造するかと言えば、要は公共事業（田舎にお金を落とす）である。米国の代表的・平均的な風景は、農村地帯に昔の開拓地を思わせる小さな町が点在していることを思えば、納得が行くだろう。

　輪切りと輪切りの「つなぎ」の部分に嵌められるのがゴム製のパッキングである。1986年1月のフロリダは、筆者が丁度、博士研究員として滞在していた時期だったので良く覚えているが、雪こそ降らないものの、記録的な寒さが続いていた。発射場にセットされたブースターの外温は夜明け時には−20℃を下回ることもしばしばであった。これだけ温度が下がると、ゴムの弾性は失われ、パッキングとしての機能が低下する（後の事故調査委員会でのファインマン博士のデモ実験は有名）。技術者はもう少し気温が上がるまで待つべきだと主張したが、1月28日は丁度、大

統領の年頭教書を発表する日であったため、押し切られる形でシャトルの打ち上げを強行し、惨事が発生した。

パッキングとロケットの隙間から燃焼ガスが噴き出し、ブースターとオービターの間の支柱に吹き付け続けた結果、支柱の強度が下がり、ブースターが液体燃料タンクの方向に倒れてぶつかった。タンクを破損した結果、搭載されていた大量の水素と酸素が一気に化合・発熱し、爆発に至った。

技術面から見て不完全なものは、いくら言葉で表面を繕（つくろ）ってもやはり不完全であり、いずれ惨事に繋がる、という「健全な常識」が、ここでも確認されることになった。

2003年コロンビア事故の原因

これは、翼の前縁の耐熱タイルが経年劣化したことにあった。主翼を含むオービター下面の耐熱タイルとは異なり、翼の前縁の耐熱タイルは特別に仕様されたものであったことにより、初飛行から22年間、交換されないままであったが、スペックとして想定されていた使用期間をはるかに超えており、疲労故障の段階に突入していたものと考えられる。液体燃料タンクとオービターの連結部の表面は、空気抵抗を小さくするため、パテを塗ってスムーズな外形に整えてあったが、打ち上げ時にその一部が振動により欠けて落下し、翼の前縁に激突し、穴を開けたものと考えられている。主翼部分の穴の存在は、大気圏突入時の高速滑空中にプラズマの侵入を招き、主翼を支える部材の強度を低下させ、主翼の変形による異常な応力の発生がオービター全体に波及し、空中分解を引き起こすに至った。

その後

2度にわたる全損・死亡事故を受けてNASAは、スペースシャトルの構造を徹底的に見直し、ジョイント部分の点検が強化された結果、同種の事故を根絶できる目途が立ったことにより、漸くシャトルのミッションは再開された。ISS建設およびメンテナンスの初期にはスペースシャトルが使われたが、2011年の退役後は、人材と資材を別々の宇宙往還機でやりとりしていることは、周知の通りである。日本の「こうのとり」が大活躍したのは記憶に新しい。

スペースシャトルは、開発当初に期待されたほどの活躍ができなかったとはいえ、人材も資材も積み込んだ本格的な宇宙船の嚆矢であることは疑いを容れない。その独特な外観は世界中の人たちから親しまれており、今後も、ミニチュア等を、いろいろな場所で目にする機会があるだろう。

スペースシャトルをあしらったボールペンの例

◆6－4．小括

　本章で取り上げたのは、目的・理念が、その後の背景要因の変化により、問題点が明らかに認められる場合には、出発点に戻り、押さえるべき条件を確認し、当初の計画を修正して事に当たる必要のあることがまざまざと示された事例である。

　スペースシャトルの場合には、人損事故が起きていたのに、基本的な管理システムを変更しないでミッションを続けていたのであるから、いつか又惨事が起きることは避けられなかった、と見ることもできよう。

7　おはなし事例分析（2）設計・デザインに技術面から見て問題があったと判断できる場合（D）の検討

◆ 7 － 1. 緒言

　色々な機材を購入する際にトリセツ共々必ず付いてくるのが保証書である。これは、どんな機材でも、初期故障は付き物なので、それに対する修理や部品交換にメーカー側は無償で応じます、という契約である。初期故障が出尽くせばシステムは安定期に入るのだが、一般に、当初のシステムのまま使い続けることは少なく、一部を改良されたモジュールに置き換え、元からある残りの部分と組み合わせた「複合システム」として運用する機会の方が、はるかに多いと言える。

　新しいモジュールは、それまで使われていた部分に比べて、単体での性能は改良されているにせよ、そのことは、古い部分との「相性」まで保証するものではない。最悪の場合には、モジュール交換を起点とする、新たな「初期故障」の発生が避けられない。もちろん、その辺の事情については、設計者が大いに工夫しているはずであるが、新・旧部分の相性に、設計者の考え方（哲学）が影響することは確かである。この、主観的な判断に起因する、普通に眺めたのでは目に留まらないほどの「瑕疵（かし）」が、結果的に、事故の致命的な原因に繋がることは珍しくない。本章ではそうした事例を取り上げることにする。

◆ 7 － 2. 敦賀原発 1 号機冷却水漏洩事故（1981 年、福井）

原子の言うことを・・・

　「原子の言うことを信じちゃいけない、何でも創っちゃうから」

　これは、新型コロナウィルス禍が世界中に蔓延したあおりを受け、米国では当初の公開予定から 1 年 4 カ月も遅れた上、日本では更にそこから 2 カ月半後の 2022 年 2 月、ようやく劇場公開になった映画「ゴーストバスターズ：アフターライフ」の中で、主人公のフィービーが放つ科学ジョークの 1 つである。厳密に言えば、原子の「形」のままで分子として通用している（原子状分子、Ne や Ar が例）ものもあるけれど、原子と原子が 8 電子則や 18 電子則を守りつつ化学結合（共有、配位、イオン）をどんどん続けて形成して行くならば、そこから多種多様な分子（先に紹介したセリフの如く「何でも」と言っていいのかどうかは微妙であるが…）が生起すること自体は間違いないので、その限りにおいて、先に挙げたジョークは「正しい」。そこで、物性（物質の性質）を規定する最小の単位としての原子に注目して見たい。

原子とは何か？

　原子はプラスの電荷をもつ原子核とマイナスの電荷をもつ電子からできている。原子核自体はプラスの電荷をもつ陽子と電荷の無い中性子から構成されているが、電子（の存在確率）は原子核から離れた位置にあり、電気的に中和できないため、陽子と中性子だけではまとまった構造を持つことができない。この時、原子核の構造を保持するための「にかわ」の役割をするのが中間

子で、基本的な原理を編み出したのが湯川秀樹博士であることは有名である。今でも中間子は続々と、存在が実験的に確認されているが、全体像の構築には今しばらく時間がかかるだろう。いずれにしても、原子核を構成する陽子と中性子の数が増えていくと、原子番号（＝陽子数）40くらいから先で急激に不安定化する。そこへ外部から粒子が当たり、原子核が分裂すると、エネルギーが放出される。分裂が連続的に起こると、莫大なエネルギーが放出されることになる。1945年8月、広島と長崎に立て続けに投下された原子爆弾は、ウラニウム235の固体が臨界質量を超えると自発的に連続的に核分裂が起きることを利用したものであり、すさまじい威力を発揮した。第2次世界大戦の終結と共に、この技術は発電に転用されることとなった。

原子爆弾開発にまつわる諸々のエピソードは、映画「オッペンハイマー」（2023年、日本公開2024年）にも網羅されている。ドイツが降伏した時点で開発を打ち切る選択肢があったのに「いや、まだ日本がある」と開発続行に舵を切った博士の決断は、私たち日本人にとって気持ちの良いものではない（多分永久に！）が、実用に供することで初めて活きる技術のあるべき形について考える良い機会であろう。映画は3時間もの長さで、かつ、エピソードは飛び飛びに登場してくるから、ファスト映画的手法で対応できる次元を超えている。筆者の愛読書である「エピソード科学史Ⅲ」の「史上最大の科学の賭け」には、原子爆弾開発に関わる要点が網羅されているので、ぜひ一読をお勧めしたい。

発電のための原子力

大きなエネルギーが比較的簡単な操作により得られること自体はありがたいのだが、それが余りに急激で、周囲の破壊をもたらすようではよろしくない。原子力を産業や家庭周りの電気に変換して安全に活用するためには、臨界状態（自発的に連続的に核分裂が起きる）への到達を、いつでも阻止できるような仕掛けが必要となる。そのためには、放出された中性子の一定割合以上を捕捉してしまえば、核分裂で生じた中性子が次の核分裂を引き起こす「連鎖反応」を遮断することができる。このような仕掛けは、一般に「制御棒」と呼ばれるものである。

制御棒というからには「棒状・板状」のものを想像するし、現在ではそれが大勢を占めているが、初期には黒鉛（要は鉛筆の芯）で作られた「箱状」のものを燃料棒に被せて中性子の出方を制御する「黒鉛チャンネル炉」が多く用いられた。これは旧ソ連邦だった諸国ではまだ多数が稼働している。1986年に大事故を起こしたチェルノブイリ原発（現ウクライナ）もこのタイプであったことは記憶に新しい。

さて、最初期の原子炉の研究で炉内の媒質として重水が用いられたのは、ウラニウム235が「濃縮されていない」天然ウランで発電が行えたからであった（重水炉）。しかしながら、重水の供給量は限られている。商業炉を数多く普及させるためには、容易に手に入る「普通の水＝軽水」を使えることが重要である（軽水炉）。ただし、「普通の水」を原子炉の媒質として用いると、天然ウランでは連鎖的な核分裂が殆ど起こらない。従って、核分裂で生じた中性子が次の核分裂を引き起こす「連鎖反応」のためには、ウラニウム235がある割合以上で含まれるような特殊なウラン＝濃縮ウランを用いることが不可欠となる。

軽水炉

軽水炉には2つの種類がある。1つは、炉心で発熱した燃料体の近傍を通して加熱・沸騰させた

水蒸気をそのまま使い発電タービンを回すタイプのものである。この種類の商業炉は沸騰水型と呼ばれる。もう1つは、加熱・沸騰した水蒸気（1次系）の熱を別の水系（2次系）へ、お互いのパイプの壁面を接触させて移し、2次系の水蒸気で発電タービンを回すタイプのものである。この際、2次系に大気圧よりも高い圧力を掛けておけば、乾熱蒸気を水の沸点（100℃）以上に保つことができるから、熱効率が良くなる。この種類の商業炉は加圧水型と呼ばれる。

最大の違いは、発電機まわりの放射能の量である。どちらのタイプの炉でも、外部への放射能漏れを防ぐシールドは当然必要であるが、特に沸騰水型の炉の場合、炉心を通った水蒸気は微量とはいえ放射性のデブリを含んでおり、それは時間と共に発電機内部に沈殿・吸着していくから、タービンの回転部分が支障しないよう、時々、発電機の内部を水で洗浄してやる必要がある。

敦賀原発1号機は沸騰水型であった。単位発電量当たり多くの水を必要とするため、加圧水型に比べると大型にならざるを得ないが、日本海側最初の原発から大阪万博（1970年）の会場に送電するという、国の威信を懸けたプロジェクトに「乗る」ことができたのは、地震対策が容易であったことによる。

米国では地震が起きる場所が限られている（断層がある西海岸の一部だけ）ため、日本が技術導入を仰いだGEの原設計でもそうだったが、原子炉に対する地震対策は殆ど行われなかった。プレートの擦りこみが原因で、地震が全国各地で毎日のように起きている日本とはえらい違いである。それでも、水系が1次側だけで構造がシンプルであることにより、僅かな耐震処置を施せば、日本でも充分建設可能と判断されたことにより、幸運な船出をした。

但し発電量は小さく、関西圏の需要に応えるため、引き続き、より発電量の大きい敦賀2号機（2024年7月、発電所直下に活断層が見つかり、再稼働が危ぶまれる、というニュースが報じられた）以下の原発が加圧水型で建設された結果、1号機は使命を終わりつつあった。とはいえ、「栄光」を守り続けるためにも、運転は続けられた。とはいえ、しょっちゅう放射性のデブリを洗浄する手間がかかることは、悩みの種であったろう。

福井新聞1970年1月23日付1面　©福井新聞社

福井新聞1970年3月14日付1面　©福井新聞社

放射性廃液が漏れた！

　敦賀原発1号機では、国策会社である日本原子力発電（日本原電）の技術者により、1981年3月7日夜、ルーティンの配管洗浄が行われた。洗浄系弁が開かれ、所定量の水が流され、発電機から放射性のデブリが洗い落とされた所までは良かったのであるが、当番の作業員が洗浄系弁を閉じることを失念してしまった。

　配管洗浄で発生した懸濁液は、発電機の真下にある廃棄物処理旧建屋内のフィルタースラッジ貯蔵タンク室へと落下する。この際、デブリはフィルター上に止まるが、洗液はフィルターを抜けて廃液中和タンク（以下、タンク）に貯蔵される。分離されたデブリは、更に何回か洗浄された上で別の建屋へと搬出され、そこで固形化処理されることになる。一方、2回目以降の洗液は1回目の洗液に順次合わされる形で、タンクに貯蔵される。作業後、洗液全体の単位時間当たりの放射線量が基準を下回れば、放流して構わないことになっている。この点、2011年の東日本大震災で、損傷した原子炉の炉心冷却のために使用された「洗液」（中国は「汚染水」と主張している）についても、放流に際しては同じ考え方で対応されていることが、お分かりいただけよう。

　デブリは引き続き大量の水で洗う予定なので、タンクは当初の洗液の数倍の容量が必要である。発電機内の洗浄作業の終了後、洗浄弁が何時間「開」のままであったかは報告されていないが、タンクからあふれ出すに至ったことだけは確かである。発電所部分は、放射能を帯びた水が循環することによる被ばくを外部に出さないため、シールドが設けられているから、原則、あふれた水の逃げ場は無い。従って、満水による事故（破裂）の恐れもあったのだが、幸か不幸か、そういう事態には立ち至らなかった。理由は、壁一重を隔てた隣室に、一般排水路が通っていたことによる。壁そのものはシールドの役を果たしていても、両室の間に電線管が施工された際、管の周囲に隙間が出来たため密閉状態ではなくなり、シールドとしては機能していなかったのだ。

　事故発生が確認されたのは、日付が3月8日に変わってからである。発電所外部に設置された放射線計のカウントが急上昇したのだ。制御室のパネル上で、洗浄弁が「開」のままであることが確認され、直ちに弁を「閉」とする措置が取られたことにより、それ以上の被ばくの拡大は、食い止めることができた。

教訓

　沸騰水型軽水炉は、1次系の蒸気がそのまま発電機のタービンを回転させる構造であるため、加圧水型に比べて発電機まわりの被ばくが大きくなる。だから、万が一にも放射能漏れが起こらないように、建屋そのものは堅固に造られていたはずである（米国スリーマイル島原発の建屋は旅客機が墜落しても耐えられると喧伝された）が、反面、「水漏れ」への対策は不充分であったろう。

　とめどなく洗浄水があふれて行けば、いずれ建屋全体が満水状態に立ち至ることが避けられず、行きつく先は、発電所そのものの損傷・破壊となる。だからこそ、洗浄水を強制的にストップできる仕掛けが不可欠であった。残念ながら、1号機は突貫工事で建設されたためもあり、色々な部分で余裕を欠き、後付けで「改造」することが難しかったことに加え、既に主力機の座を降りていたことにより、余分な設備投資が躊躇（ためら）われることが、背景にあったことを考える必要がある。システムの弱点を人間の注意力でカバーしようとして破綻した事例とも言え、後出の「Cが主因となる事例」とも相通じるものがあると思う。

◆ 7 − 3. もんじゅを滅ぼした温度計の設計ミス（1995 年、福井）

高速増殖炉もんじゅの光と影

　普通の原子炉に装填された燃料は、使い切り（使い捨て）方式のものである。燃料棒にはウラン 235 が天然よりはるかに高い割合で含まれているが、核分裂反応が進行するに連れて、ウラン 235 の含量は減って行くので、単位時間あたりに放出されるエネルギー値も徐々に低下していく。この場合、能率的な発電を続けるためには、一定期間ごとに燃料棒を新品に交換しなければならない。但し、役目を終えた古い燃料棒に含まれるウラン 235 を「処理」しなければいけない、という新たな問題が発生することになる。

　増殖炉とは、反応系中で生じた新たな放射性元素を「燃料」として使用することが可能な原子炉の総称である。具体的には、ウラン 235 から生じたプルトニウム 239 を活用するのである。増殖炉が完成できれば、燃料棒の入れ替えは皆無、とは行かないまでも激減できるから、廃棄燃料を処理する手間もはるかに少なくできることになる。もちろん、ウラニウムに換わって燃料となるプルトニウムが「それなりの速度」で生成するようなシステムでないと、発電を続けられない。だからこそ「高速」と銘打たれているのだ。天然資源が少なく、外国とは海で隔てられている日本にとってうってつけの原子炉と映ったのも無理はない。

　海外でも増殖炉の研究は行われてきた。しかしながら、技術先進国（米国、英国、フランス等）は次世代原発の開発に路線変更していて、増殖炉はひとまず見捨てられたプロジェクトの観を呈している。とはいえ、普通にウラニウムを燃やして行くと、今後新たな鉱脈が発見されると仮定しても、これを燃料として使い続けられるのは、高々 100 年止まりとされている。新しい技術を確立するためには、新しい発想が不可欠であるから、次世代原発が飼い慣らせるようになるまで 100 年で足りるか？という問いに、自信をもってイエスと答えられる人はいないだろう。増殖炉が現在の原発の後継機として稼働できるなら、燃料枯渇の X デーが 5000 年は先延ばし出来る（従ってその間に次世代原発を完成できれば良い）、という想定は、忘れない方が良いだろう。

　もんじゅは、そのような国策に乗り、実験炉として福井県敦賀市に建設された。実験炉としての使命には、増殖炉用の燃料棒を如何に設計するかに加えて、もう一つの大きな柱があった。伝熱媒体としての金属ナトリウムの活用である。

もんじゅ　Ⓒ Nife

金属ナトリウム

　ナトリウムは、室温では柔らかい固体として存在する。試薬としてのナトリウムは、球状または棒状に成形されたものを油に浸し、空気（に含まれる水蒸気と酸素）を避けて密封できる容器に収められた形で、市販されている。

　有機合成反応では、ナトリウムはバーチ還元などの1電子還元反応のための試薬として用いられることが多いが、純粋に、塩基として使われる機会も多い。周知の通り、不均一な反応系では、反応の効率は、単位重量あたりの表面積に左右されるから、どちらのタイプの反応を行うにしても、微粉化して相対表面積を大きくしてやる必要がある。これが、実験室で「ナトリウムパウダー」と呼ばれるものである。ナトリウムパウダーは、金属ナトリウム（角状）の一片を無水のトルエンに浸した上で加熱してトルエンを沸騰させ、直後に反応器を「シェイク」することにより、容易く調製することができる。この方法は、ナトリウムが100℃以上に加熱すると融けて液体となる性質を利用したものであるが、ナトリウムを電熱媒体として利用しようとする発想の起点でもある。ナトリウムの熱容量は水を上回る。加えて、自身の沸点が相当高く、水を高温下で液体に保つのに必要な加圧は必要ないから、ナトリウムを熱電導体として活用できるならば、加圧水型に勝るシステム構築が可能になるからである。

化学のトリセツから来る注意事項

　ナトリウムは周知の通り、アルカリ金属（1属元素）である。イオン化傾向は、水素よりも上だから、ナトリウムの一片を水に入れると激しく反応して1価のナトリウム陽イオンになると同時に、水のプロトンからは発生期の水素が生じ、それは速やかに2量化して水素分子となる。強力な発熱反応であるため、生じた熱エネルギーにより、水素分子は大気中の酸素と爆発的に反応して、「火を吹く」のが観察されることになる。もちろん、目下は卒業記念の「火遊び」（棒状のナトリウムを池に投げ込むと、火を噴きながら水面を疾走するのが観察されるそうだ）ではなく、まじめにナトリウムを熱電導体として活用しよう企てているのは確かであるが、だからといって、元来の物性に基づく「取扱注意」から逃れる訳には行かない。具体的に言うなら、ナトリウムが充填された配管に穴が開き、内部のナトリウム金属が外気に触れるような事態だけは、絶対に避ける必要がある。当たり前と言えば当たり前で、言われなくても分かってるという諸兄諸姉は多数お出でになるだろう。

　しかし、世の中は皮肉に出来ている。当たり前のことが、本題とは掛け離れたような「枝葉」により破られてしまったのだ。その衝撃の大きさは、増殖炉のみならず、原発事業の全般に渉り、日本国民の嫌悪感を長期に渡って醸成・維持し、先達たちの幾多の努力を無にしてしまうほどのものであった。

健全な常識を無視した設計が命取り

　ナトリウムは低温では柔らかい固体であることは先に述べた。但し、柔らかいとは言っても、これが或るスピードで衝突した場合、相手方にそれなりの衝撃を与えるのは確かである。殊に、固体と液体が共存して入り混じっている相の場合、液体の部分が増えて固体が動きやすくなり、実際に動き出す際の加速度は相当なものであることは、温度によって粘性が異なる流体について、

少しでも勉強する機会を持たれた方であれば自明のことと思う。従って、昇温に際して固形物が急に動き出して衝突されるような相手の構造を設計する際には、それなりの注意が必要となる。

　パイプの中を流れる流体の温度をモニターするには、どこで温度を測れば良いだろうか？パイプには太さがあり、しかも、外壁の部分は熱量を取り易いから、最初は中心部分が速く昇温してナトリウムが液化を始めることになる。加えて、液体の進行方向に平行に温度勾配が発生する。だから、中心部の温度をピンポイントで測れるのが理想(図17で言えば、タイプAよりもタイプB)ということになる。

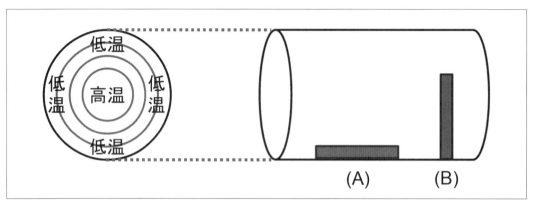

図17　配管内の温度分布

　もんじゅの場合には、外壁から直角にパイプの中心部に差し込むという、体温計のような形の温度計であった。もちろん、それなりの強度は持たせてあったが、構造から考えて、明らかに、横から押す力には弱い。試運転を繰り返すうち、温度計の付け根、パイプの壁に連結している部位の周囲に金属疲労が発生し、それが急速に成長した結果、ある試運転の時、ついに連結部が壊れた。温度計は定期検査や交換時の便宜のため、直接外壁に取り付けられた形であったから、温度計部分がちぎり取られると同時に、パイプの壁に穴が空き、そこから液化したナトリウムが装置の床に大量に流出し、大気（とくに水蒸気）に触れてしまい事故が発生した。

　現場の様子は、監視カメラによって撮影されていたが、事故調査の当初、JAEAは映像は残っていないと虚偽の発表をした。しかし、内部告発（要は、公益通報に相当する）により映像が公開された結果、事故の過程をきちんと理解するよりも、運営組織の怠慢・証拠隠ぺいの方へ、関心が集まることが避けられなくなった。事故後10年以上、再稼働する空気が作れなかったのは致命的であり、やっと2008年に再稼働に漕ぎ着けたものの、増殖炉は日本政府にとって重要なエネルギープロジェクトの座を降りてしまっていた。再稼働後もトラブルが続出し、それから数年後に廃炉の措置が取られることになってしまった。

　パイプの外壁に穴が開くことを散々警戒していたのに、パイプの外壁に連結すると横向きに曲げの応力が掛かるとなると、どのような構造にしたら良いか、という視点からの検討が行われなかったのが命取りとなった。当時のJAEAはそれぞれの部局を関連会社として分離し始めた時期であり、連絡の取り方に混乱があった、と筆者は関係者からお聞きしたことがある。「縦割り」体制の悪い部分が露呈した事故だったと見ることもできよう。

2次系は1次系に比べて、放射能漏れの事故が起きる確率は桁違いに低いのだが、そのことが設計上での油断に繋がった可能性はないか？1次系の事故ではないのに、比較的あっさりと廃炉の措置が取られたのは、ちょっとうまく行くとすぐ思い上がり、自分の足元を見ようとしなくなる日本人の本性を反映してはいないだろうか？如何なる状況下でも「最悪の事態」を想像できるような国民性を培わないと、日本がエネルギー技術の分野で先導的な役割を果たすことなど、夢のまた夢であろう。

◆ 7－4　山陰本線餘部橋梁回送列車転落事故（1986年）

日本の鉄道における最初期の線路分布の偏り

　日本で鉄道の営業運転が開始されたのは明治5（1872）年10月14日（＝鉄道記念日）のことであり、当初の運転区間は新橋－横浜（現・桜木町）であった。その後、各地に私鉄として産声を上げた路線が国策により順次買収されて行き、最盛期には2万キロを超える線路網を持つ国鉄（現JR）の骨組みが、明治末期には成立することになった。しかしながら、線路の分布には明らかに偏りがあり、その大本を成していたのが、「ロシアが攻めてくるかも知れない」という恐怖心である。海岸沿いの鉄道、特に鉄橋のような高架の構造物は、艦砲射撃で簡単に破壊されてしまう運命にある。だからこそ、ロシアが攻めて来る恐れのある、日本海側における鉄道敷設は太平洋側に比べて、遅々として進まなかったのだった。

　北陸新幹線の金沢から敦賀への延伸工事に際し、正式に廃線となった敦賀港線は、実は、日本の鉄路が日本海側の「どんつき」まで到達した嚆矢（こうし）である。敦賀港までの鉄道が開通したのは明治26（1893）年であり、日清戦争が勃発する前年であったものの、周辺の路線網が未整備であったため、日清日露の両戦役の兵站（へいたん）線として充分活用された、とは言い難かった。

　陰陽（日本海側－太平洋側）連絡線を含めた鉄路の延伸が活発化するのは日露戦争後、ポーツマス講和条約が結ばれてからのことである。日本の参戦は、確かに第一次世界大戦の一部を成すものであったとはいえ、外交の一環としての古典的戦争の域を出ていなかったから、伊藤博文－桂太郎コンビが外交的にも万全の準備をして臨んだ講和交渉を通じて、米国が新興の強国・日本の後ろ盾になっていることを、世界に向けて強力にPRできたことは、確かに大きかった。この「抑止力」を背景に、世界でも類例を見ない、狭軌（レールとレールの間隔が106.7cm）による膨大な路線網が形成されることになる。

峻烈な地形がもたらした鉄道建設の難化と工夫

　鉄路が伸びるにつれて、建設の難易度は急上昇した。理由は、平地が少ない日本の地勢の特徴にある。太平洋プレートの端に位置し、活発な隆起・沈降を繰り返す日本には、水没した山地を海食して造られた、入り組んだ地形が海岸線に迫っている箇所が多い。それでも、人や物資の行き来を確保するために、先人たちは努力を重ねた。餘部（あまるべ）橋梁もそうした遺産の一つである。

　2010年8月に改修されて姿を消した旧・餘部橋梁は、明治が正に終わろうとする1912年7月に完成した、明治の鉄橋である。高さは地上41mあり、建設当時は東洋一の高さを誇った。何故、

このような特殊な構造物が建設されたのであろうか？

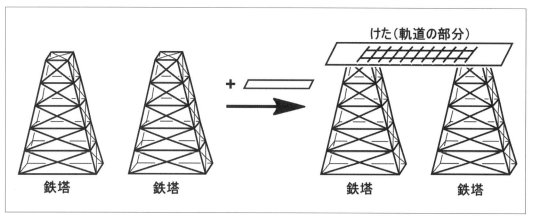

図18　古い餘部橋梁はトレッスル（けた橋）構造

新しい餘部橋梁の鉄筋コンクリート橋脚

　山陰地方は北陸地方と同じく、波風による浸食作用が激しいため、入り組んだ海岸線（いわゆるリアス式）が多く、物流のために鉄道や幹線道路を通すことが難しい。もちろん、急カーブやアップダウンは禁物である。そこで、可能な選択肢は以下の3通りとなる。

（方法1）海岸線に沿って低い築堤を建設し、その上に軌道や道路を敷く
（方法2）内陸部にトンネルを掘る
（方法3）高い位置に鉄橋を建設する

　方法1は、日本の鉄道では勃興期から用いられている。最初の営業線であった新橋（汐留）－横浜（現・桜木町）を建設するに当たっては、当時は遠浅であった品川海岸沖に、まず高輪築堤が建設され、その上を列車が走ったことは有名である。日本海側でも、海岸線の形が比較的単純な、新潟県の「親不知子不知」地区を通過する線路を建設する際に、用いられている。一般の北陸・山陰の海岸線に適用するのは困難であるが。

方法2は、山がちの地形の日本では、全国至る所で行われている方法である。但し、餘部橋梁の建設が計画された当時、トンネル工事はまだ手掘り工法（シールド工法によるトンネル建設の嚆矢は黒部ダム建設の資材運搬用トンネル建設で、半世紀後）であり、長大トンネルを掘り抜くのは困難であった。

　従って、残る選択肢は方法3ということになる。もちろん、トンネル建設を皆無にはできないものの、線路を高い位置に上げることにより、海岸に迫る山塊（海食崖の所が多い）に掘るトンネルの長さを、確実に掘り抜ける長さ（約1km）にまで短縮することができるから、最も成功する可能性の大きい選択肢であったことは明らかである。

素材の入手可能性や性質に基づく工夫

　以上の技術的検討の結果、鉄橋を建設することは決まったものの、どのような構造にするかについて、この当時の日本の置かれた立場と素材の性能に基づくリミッターが掛かることは避けられなかった。その結果、選ばれたのは、トレッスル橋（鉄塔を並べて鉄道の軌道部分を橋げたとして渡した形の鉄橋）であった。理由は以下の2つ。

（理由1）現在の目からは信じられないであろうが、当時は国内で鉄筋・鉄骨を鋳造する技術がなく、鉄材はすべて輸入に頼っていた。
　　　　　従って、鉄材の分量を少なくする必要があった。
（理由2）当時はコンクリートの質が悪かったので、鉄筋コンクリートの鉄橋（最近架け替えられたのはこのタイプの鉄橋）では長持ちしないと判断された。

　言うまでもないが、建造物に対する判断基準には、設計に関する当時の価値観が反映している。資材の供給が思い通りに行かない状況の元では、いったん造られたものは、その後あまり手を加えなくても長持ちすることが重視されたのは、止むを得ないことであったろう。余談になるが、餘部橋梁の建設から少なくとも半世紀後まで持続したこの価値観は、日本人が「ゼロリスク」を好む性癖を、ある程度まで説明できるのだと思う。

　現代の設計に関する考え方は、それなりに「長持ち」させることは依然として重要ではあるにしても、それに加えて、造ったあとのメンテナンス（保守）作業が容易になるような工夫を原設計に織り込むことが定例化している。

　新旧2通りの価値観を反映しているのが、東京の隅田川に架かる名橋の1つ、新旧の新大橋（紛らわしい言い方で申し訳ないが）である。旧・新大橋が架かったのは1912年で、餘部橋梁と同い年だから、トラス構造に加えてアーチ構造が上部に付けられており、がっしりして長持ちしそうな構造であるのは頷（うなず）けよう。これは、橋上の交通（電車と自動車）の振動を上手く吸収するための仕掛けでもあった。但し、部材を交換するために、いちいちボルトを脱着するのは大仕事であったろうが。架け換えられた新・新大橋は吊橋風の構造である。驚くかもしれないが、橋板を吊り下げるロープを定期的に点検・交換することで橋の強度を維持できるから、メンテナンスは格段に楽になったはずである。北陸新幹線の高架でも、既存の高速道路（北陸自動車道）と立体交差する地点には、吊橋構造が利用されている箇所が多いのも、同様の工夫である。

トラス構造と吊り橋構造の併用　©Microsoft365 クリエイティブライブラリー

餘部橋梁のメンテナンス

　鉄橋は、日本海に面する海岸線からわずか70mの位置にある。従って、季節風や積雪の影響が極めて大きく、この両者が相俟って、鉄橋の強度を着々と弱めていくことが初手から明らかである。コンピューターや風洞計算など夢のまた夢の時代、メンテナンスの基本方針は1つしかない。即ち、どうしようもなくなる前に、先手を打って悪い箇所を修理することである。具体的には、錆止めのペイント塗装と小部材の取り換えを定期的に行うことになる。

　後の東京タワーほどで無いにせよ、「とび職でも目がくらむような高さ」の作業である以上、誰でも、という訳には行かず、ペイント塗装専門の職員が雇用される時期が長く続いた。しかしながら、太平洋戦争が起きると、塗装専門の職員（男性）は他の一般国民と同様に赤紙（招集令状）が来て徴用された。加えて、戦争中は物資不足で、肝心かなめのペイントが手に入らず、充分メンテナンスが出来ない時期があったため、鉄橋の老朽化が進んだ。

　1952年、サンフランシスコ講和条約が発効し、日本は国としての主権を回復した。この年は餘部橋梁の建造40周年でもあったことから、鉄橋を今後どうするか？についての検討もスタートした。検討の中身（後から考えると問題があった）は、戦争中に充分できなかったメンテナンスを5ヵ年計画で徹底的に実施することに加え、鉄橋そのものを今後どうするか、であった。改修を続けるか、それとも新造するのか？完全に架け替えてしまうことも検討されたのであるが、費用の点（当時のお金で1億円台〜5億円台、一番高価なのは吊り橋案）から、主材（鉄柱本体）を除く補強材すべてを順次交換する改修を、1968年度から8ヶ年かけて行うことに決定した。

　現代の諸兄諸姉の目には、5億円の建設費なら大して高額ではないと映るかも知れないが、当時、隣の駅までの電車賃は10円に過ぎなかったことを考えると（現行は140円）、やはり高額だと受け取られたのではなかろうか？

改修はしてみたけれど・・・

　改修前の写真を見ると、横方向の補強材は、列車の進行方向とこれに直交する方向とで、異なる構造のものが用いられていたことが分かる。これは、五重塔などにも用いられている「やぐら」構造を取り入れたもので、複雑な振動を、うまく逃がしてしまう工夫である。東京タワーや東京スカイツリーの建設にも取り入れられたこの工夫は、柔構造理論へと発展し、その結果、地震が多く、地盤が弱い日本で、霞が関ビル（これが高層ビル第1号）をはじめとする数多くの超高層ビルが建築可能になったことを見ても、原初の着眼の素晴らしさが判ろうというものだ。しかるに・・・

　鉄橋の主材（縦方向）はそのまま、横方向を一律H型鋼で補強した結果、振動は脚部に集中することになる。そこで、引き続き鉄柱の脚部をコンクリートで固めることにした。鉄橋全体としての強度は向上したとはいえ、改修前の鉄橋の特性であった、たわみによる振動吸収（要は、分散させた上で減衰させる）の効率が小さくなってしまった。改修前の71%、という見積りもある。だからその分、列車通過時の振動が大きくなるのは、自明の理であった。

　運転士からは、改修前より鉄橋通過時の振動が大きくなったように思う、との報告がたびたび寄せられていた。しかしながら、「以前と同じ重量の列車」が編成困難なため、直接的な比較はできず、振動が大きくなったとは一概に言えない、という検討結果が発表され、具体的な対策は先延ばしされたままであった。とはいえ、建設されて以来70年以上もの間、無事故であったのだから、元の設計が優秀であったことは間違いない。これが安全についての過信に繋がった可能性は否定できないにしても。

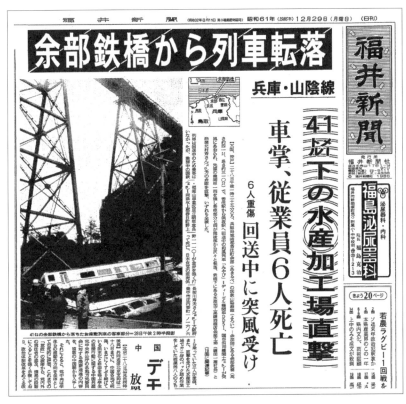

福井新聞 1986年12月29日付1面　©福井新聞社（共同通信配信）

事故発生

　筆者が福井大学工学部に助手として着任したのは、1986年12月16日のことで、同日学生実験を、翌日演習を、それぞれ初めて担当した。10日ほどの授業日が過ぎて短い冬休みに入ると、筆者は、当時健在だった両親の待つ、東京の実家へ帰ったのだが、正にこの休み中に、本題で取り上げた大事故が発生した。就職直後でもあり、強く記憶に残っている次第である。

　1986年12月28日、福知山線谷川駅を出発した臨時列車（お座敷列車「みやび」）には、「山陰お買いものツアー」の団体客176名が乗車していた。名物の蟹スキを楽しみ、お正月用の海産物をどっさり買って帰るツアー。香住駅で一同は下車し、山陰の鉄道運行の基地となっている浜坂駅までの回送列車となった。強風下（最大33m/秒）で運行を続けたDL（ディーゼル機関車）牽引の回送列車が13:24に餘部橋梁に差し掛かった時、中央部の客車から膨らむように次々と落下する事故が発生した。落下した客車は41m下の食品加工工場を直撃し、車掌1名と従業員5名、計6名の犠牲者を出した。

　DLは転落を免れ鉄橋上に残った。また、客車の台車（車輪4個）3台も鉄橋上に残った。

考察

　事故後の裁判では、強風時（風速計は33m/秒を記録した直後に故障）に列車を止めなかった運転司令員3名が有罪になった。しかし、国鉄鉄道研究所による風洞実験では、今回転落した客車は40m/秒までは横風を受けても転倒しないことが確認されているので、強風のみを事故原因と判断するのは無理がある。

　鉄橋上の軌道を調査した結果、山側の軌道上には、客車の車輪が乗り上げて走行した跡が記されていた。これは、転落前に脱線していたことを示す。また、客車が強風に押し倒されただけであれば、レールは風下側にのみ膨らむ形で変形するはず（図19）なのに、レールは2本とも左右に蛇行した形に変形しており、レールを軌道面に固定するための締結ボルトが多数折れていた。従って、脱線の原因は、締結ボルトが折れてレールがぶらぶらの状態となり、ゲージ（レールとレールの間隔）が標準値の106.7cmから大きくずれたためと考えられる。

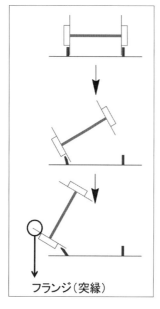

図19　通常の脱線とレールの曲がり方の関係

福井新聞 1986 年 12 月 30 日付 19 面
Ⓒ福井新聞社（共同通信配信）

　以上の調査＆実験結果から、「本当の」事故原因は次のように推定される。即ち、強風時に重いDLが鉄橋を通過した際に、レールに大きく蛇行動が発生し、締結ボルトが折れたため、ゲージが標準値から大きくずれた。脱線した客車は、車輪のフランジ部分がレール上に乗り上げ、いわば「腰高」姿勢のまま走行したためもあって、30m/秒を超す強風にあおられ落下した。

　結局、鉄橋で横の補強材を強くしたのに縦の鉄柱を強くしなかったため、構造体としてアンバランスが生じたことに加え、鉄橋の脚部にアンカー（重し）が付けられて振動が逃げにくくなったことが、列車通過時の振動を以前より大きくした原因と判断される。しかも、11基ある鉄塔のうち、山側に近い両端2基の鉄塔が改修されていなかった（後になって判明）ことも、鉄橋のねじれ振動を大きくした可能性がある。以上の点については、改修の設計に当たった技師の判断が問われるべきであろう（裁判では検討・言及なし）。

◆ 7 - 5　小括

　色々なシステムの設計は、大規模なものであればあるほど、システムがまだ稼働していない時点で手直しが入ることも多い。もちろん、こうした手直しは、悪意があってやるはずのものではなく、善意から行われることが殆どではあるとはいえ、それまでに設計されている部分との相性がどうなるかを意識から外さないように、取り組むことが不可欠である。

　1例目の冷却水漏洩事故は、初期に漏洩を発見する警報システムの設置が無かったにせよ、プロジェクトに追加で行われた電気配線を通すための細孔工事が無ければ防ぎ得た事例であった。2例目の熱媒体パイプ内温度計の折損によるナトリウム漏れは、設計時に技術面での情報交換が成されていれば、発生する余地がそもそもなかったはずである。3例目の鉄橋の改修後の客車転落は、老朽化に伴う「マスト」であったにせよ、橋脚から振動エネルギーを逃がすという、元々の設計の利点・狙いが無視されたことが、事故の原点にあった。

　繰り返しになるが、新たに設計する部分と、古い部分との相性について、設計者の考え方（哲学）の影響は避けられない。しかし、主観的な判断に起因する、普通に眺めたのでは目に留まらないほどの「瑕疵（かし）」を、事故原因に繋がらないよう早期に発見して指摘し、1つのプロジェクトに関与する構成員に共通する知的財産とすることは、分野を問わず、技術者の義務と言うべきであろう。

8 おはなし事例分析（3）人間の注意力でシステムの弱点はカバーできるか（C）の検討

◆ 8−1. 緒言

機械は故障することがあるが人間にはない？

　AI（人工知能）が私たちの耳目を賑わすようになってから久しい。近年、いわゆる「生成 AI」が驚くべき速度で進化を遂げつつあるのを見ると、2018 年の映画「レディー・プレイヤー・ワン」でも描かれていた「シンギュラリティー」の到来は、以前の予測（2047 年？）より早まる気配すら感じられる。GDP の殆どを生成 AI が稼ぎ出すようになると、人間の存在意義は果たしてあるのか、というような極端な議論も散見される今日この頃ではあるが、人間の脳の機能は決して AI に劣る物ではない！

　コンピューターがメモリー不足から来る西暦年表示の節約（4 ケタ→2 ケタ）という便法を取り続けた結果、いわゆる 2000 年問題が起きた。日本の場合は更に、2025 年問題（年号を数えるのに昭和元年＝1926 年からの通算年数を使うシステムに特有、今年は昭和 99 年なので正にカウントダウン）が控えているのは周知のことと思う。このことだけ見てもわかる通り、プログラムを組み立てたのが人間である以上、当初のジョブを与えるのはもちろん人間であるし、プログラムが暴走した場合に智慧を絞って食い止めるのもまた人間であることだけは、忘れないでおきたい。

　人間の脳は、1 号のソフトボールくらいの体積の中に、約 250 億個の細胞が収まり、必要に応じて四方八方に神経という名の「電気回路」が通じ、かつ、信号が光に近い速度で行き交う。メモリー（記憶量）にしても、昔から「脳は使えば使うほど良くなる」という言葉がある通り、「上限値」を通常意識する必要がない。正に天文学的（古い！）な仕掛けである。欠点は、行動に移る前の記憶の呼び出し（コンソール）に要する時間が、まちまちである点にある。その原因は、神経繊維の構造と機能に由来するものである。

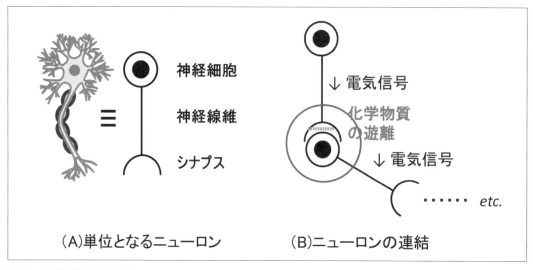

図 20　神経繊維の成り立ち

神経繊維と信号伝達

　神経繊維は、細かい運動を制御する必要から、電気信号と化学物質による信号を併用するシステムである。従って、全てが一本の「電線」のようなもので繋がっているわけではない。神経線維を構成する源となる単位はニューロンと呼ばれており、神経細胞がシナプスと、軸索という「導線」で連結された構造を持つ。神経細胞に生えている樹状の突起（出っ張り）がシナプスのすぐ近くに位置するのだが、接触してはいない。非接触の部分は、化学物質が流れて行き相手方に到達することにより、情報が伝わることになる。ちょうど、道路の一部として渡し舟に乗る、日本各地にある国道や県道のような仕掛けだ。

　この場合、化学物質には興奮を司るものと抑制を司るものがあり、例えば興奮を司るアドレナリンが続けて何回か放出された後に、初めて興奮の信号が次のニューロンに電気信号として伝わる、という仕掛けになっている。このこと自体は、万が一にもミスしないように手間をかけて構わないような操作では差し支えないのだが、先を急ぐ作業の場合には都合が悪い。言うまでもなく、ごく短時間に YES か NO かの判断を求められ、ミスするとシステムの破綻なり事故なりにつながる場合だ。システムを組む場合には、「あいまいさ」が残る部分は最小限に止め、判断が速やかに一義的に決められる部分を多く取るのが常道とされているのはこのためである。

鉄道信号と交通信号

　神経繊維の担当する2種類の信号（電気＆化学物質）は、私たちが接することの多い、鉄道信号と交通（道路）信号に似通っている。日本語で書くとどちらも「信号」なのだが、英語で書くとそれぞれ、「railway signal」と「traffic light」となり、信号に対応する訳語が異なることが分かる。Signal は signature と同じ語源で、何がしか、決定する権利を持つのに対し、light はそうではない点が最大の違いである。何故なら、列車はレール（軌道）に進路を縛られている以上、例えば減速したい場合、迅速に操作してやらないと、進路の前方にある障害物を避けることが困難になるからである。故に、鉄道信号の「青」は「進行せよ」という「命令」であるのに対し、交通信号の「青」はそうではないことになる。自動車を運転している場合、「青」になっても前方が渋滞していれば、すぐに進行できないことは見易い（諸兄諸姉も経験済みであろう）。要は、交通信号というのは、判断に困った時に「参考に」見るものなのだ。

　鉄道信号が「青」のとき進行しないならば、後続の列車に最悪、追突される（関西では「オカマを掘られる」と表現されるのは著名）ことを覚悟しないといけない、というくらい、絶対の命令信号である。要は、「青」のとき、とりあえず進行しさえすれば、差し当たりの安全は保てる、ということになる。

　話を戻すと、人間の判断には時により遅速があるので、致命的な事態に至るのを避けるために設けられているのが、様々な「自動系」のシステムである。鉄道の場合だと、企業体の大小にかかわらず必ず手当しなければならない建前ではあるが、規模が小さい企業体で、かつ、列車の運転本数が少ない場合には、状況に応じて簡便化することが認められている。こうした場合、滅多に起こらない事態への対応方法の一部分を、人間系でまかなってしまうことも珍しくない。安全管理システムの元々の設計の通り、人間が正しく操作し、かつ、機器が正常に作動してくれる限り、何の問題もない。しかしながら、いくつかの条件の重なりの中で、もし、そうではない事態に立ち至ったら？本章では、そうした事例として、鉄道事故の事例を取り上げることとしたい。

単線・複線・信号機

　鉄道システムの構成単位は軌道（レーン＝走行面）である。これは、以前は、2本の走行用レールから成っていた。日本で1968年に、札幌市営地下鉄で初めて採用された案内軌条式の場合、軌道は、1本の案内用レールと走行路面（ゴムタイヤでの走行に対応）の組み合わせから成っている。いずれにせよ、軌道が1つだけの場合を単線、2つある場合を複線と呼ぶことには変わりがない。大都市周辺では、これに加えて、急行や特急の追い越しを可能とするため、更に余分の軌道が存在する区間（複々線）があることは、諸兄諸姉のよくご存じの所と思う。

　鉄道で駅と駅（または信号場）の間にいくつ軌道を設置するかは、当該路線（区間）の交通量によって決まるものである。開通当初（輸送需要が少ない）は、シミュレーションゲーム等で経験済みと思うが、単線の軌道上を、1つの列車が行ったり来たりする（ピストン輸送）だけでことが足りることは見易い。他に列車はいないのだから、信号機すら不要という状態からスタートすることになる。しかしながら、交通量が増えるに従い、列車を増発する必要が出て来る。1つの列車が終点に着く前に別の列車を逆方向に走らせる必要や、1つの方向に列車を続けて運転する必要も出て来るであろう。そこで、上りと下りの列車を交換できる複線部分や、信号機システムの設置が必要になってくる。

　鉄道の1つの単線区間に、上りと下りの列車が同時点で乗り入れ、機関車や動力車がお互いに向かい合った状態で運転を続ければ、確実に正面衝突を起こすことは見易い。だから、列車を確実に停止する方策を確保することが欠かせない。もちろん、最後の砦が自動系であれば心強いことこの上ないが、交通量の少ない路線では、起こり得る事象のパターンが多くないので、無理に自動系にしなくても、事故に至る前に防ぎ切れるのが殆どの場合、というのが現実の姿であろう。

◆ 8－2. 京福電鉄越前本線正面衝突事故（2000年および2001年、福井）

京福電鉄

　京都電灯は、蹴上疎水の水力発電所を建設し、そこで造られた電気を使って、日本で最初の営業用電気鉄道である京都市電（Nゲージ）を走らせた、鉄道ファンなら知らぬ者のない有名な会社である。それが、太平洋戦争中の配電統制令を受けて解散することになり、保有する鉄道路線の受け皿として開戦直後の1942年に設立されたのが、京福電気鉄道（以下、京福電鉄と記載）である。なお、社名に「京福」とあるのは、京都と福井に路線を持つことから来る命名であり、京都－福井間に新たな鉄道を敷こうという壮図によるものではないことは、夙（つと）に知られている所である。

　京福電気鉄道は会社の創立後、太平洋戦争中の交通統制に乗じる形で、福井県内に点在する小規模鉄道会社を次々に買収・合併して路線を伸ばした結果、京都とは別個の運営組織が必要となり、福井支社が設けられた。現在も残る、越前本線と三国・芦原線の他、永平寺線、丸岡線、金津線、織田線、鯖浦線、南越線を擁し、地域の足として活躍。戦後の観光ブーム到来における観光客の輸送にも貢献した。

鉄道を取り巻く環境の変化

　鉄道が、自動車の性能が低く道路整備が不充分の時代に、貨客の輸送に関し最も信頼の置ける交通機関であったことは、世界的に見て共通する事象である。日本の場合は、山がちの地形であったことにより、歴史の早い時期から、人は自然と（海岸に近い）平地に住み平地で仕事をする傾向が定着していたから、鉄道はもっぱら平地の範囲内に敷かれることになったのは、自然な成り行きであった。例外は、平地から内陸に向かう「行き止まり」の線で、鉱山と事業所を結んだり、神社仏閣や観光地に出掛けたりする目的から設けられたものであった。道路整備が進み、一方で、輸入品の鉱物（船で輸送）が国内産より安価になると、鉄道輸送は漸く下り坂に入った。21世紀を迎える頃には、貨物の輸送シェアは5％前後にまで落ちた。鉄道の経営を支えるのは、もっぱら都市部のお客さん、という傾向が強まった。

　鉄道のローカル路線は全国どこでもそうであるが、都市部と人口の薄い周辺部を結ぶものが大半である。従って、モータリゼーションと少子化の影響が大きくのしかかることになった。京福電鉄も例外ではなく、観光ブーム（要はバブル）が一段落し、モータリゼーションが進展するのに伴い、鉄道事業は1960年代に入ると赤字へと転じた。理由は、京都本社の管轄する路線は比較的短距離であったため、沿線住民の足が二輪車等へ移行した結果、収入が減少したことによる。京都支社の黒字で福井支社の赤字を補てんするのが限界に達した1960年代後半、福井支社が管轄する路線が矢継ぎ早に廃止されていったのは記憶に新しい。なおかつ、大都市圏に路線を持つ電鉄と異なり、多角的な事業経営（百貨店や不動産事業など）は、福井の独特な地域性の下では小規模にとどまり、経営を支えるには至らなかった。

　京福電鉄では、2件の大事故が起きるかなり以前から、電車や信号の故障個所に限って修理し、営業に支障しないように間に合わせるのが精一杯の状態で、辛うじて安全を保って運行しているような状況に陥っていたのである。1970年代に入ると、赤字を圧縮するための合理化が必要となったため、多くの駅の無人化が行われ、それに伴い、タブレット閉塞が廃止された。代わりに信号機システムが自動信号化されたものの、それは自動閉塞ではなく、とどのつまり、信号確認に頼る運転という、末期的状況を呈することになってしまった。

東古市駅（現・永平寺口駅）

　東古市駅は、永平寺町のど真ん中に位置しており、地域活動の中心として重要な位置を占めてきた。越前本線（福井口～勝山）の中間駅であるのみならず、参詣鉄道として出発した永平寺線（東古市～永平寺）の起点ともなっていた。以前はこの他に、丸岡線（東古市～丸岡）があった。筆者が福井に住むようになった約40年前には、3番ホーム（降車専用）に「丸岡行」の表示が残っていたことを思い出す。丸岡線は永平寺線と組み合わせる形で運行されていたし、かつては貨物輸送もあった結果、駅構内を連絡線が複雑に結んでいたことが、太平洋戦争直後の航空写真から確認できる。現在でも越前本線福井寄りの踏切脇には、昔丸岡線が渡っていた細い水路のフタが残されている。1968年9月の丸岡線の廃止後も、東古市駅には、越前本線と永平寺線の分岐点が残されていたのだが、連続事故が起きる直前には、福井駅から東古市駅経由で直通で永平寺駅に行く系統は、ほとんど運転されなくなっていた。

図21 東古市駅の線路配置(1948年):
航空写真(©国土地理院)を加工して作成

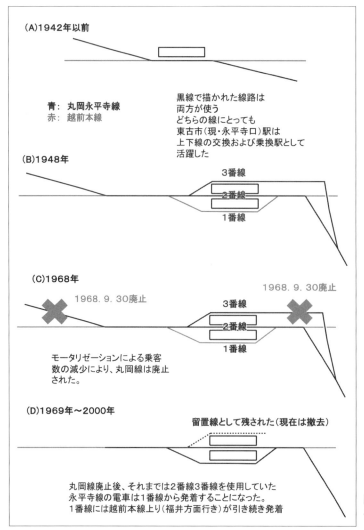

図22 東古市駅(現・永平寺口駅)の線路配置の変遷

2000年12月17日の東古市駅での正面衝突事故

　永平寺線の電車は終着・東古市駅では、越前本線とホームを共用する。分岐ポイントを渡って越前本線のレールに移り、正にホームに入ろうとした直前に、異変が発生した。運転台からのハンドブレーキの作動を4方向に分けて、2組の台車の左右に付いている車輪に伝えるための「Hロッド」という部品が破断してしまったのだ。Hロッドが破断すると、ハンドブレーキの作動は全く伝わらなくなるから、これとは独立の予備のブレーキシステム（電動ブレーキなど）を備えていない車両は、止めようがないから、惰性で前進し続けることになる。

　東古市駅は、越前本線の上り・下りの交換（＝すれ違い）駅であるから、駅構内の本線は複線が確保されている。もちろん、ホームには客車数両が入るだけの長さがあったのだが、故障電車は上り線（福井方向）側のホーム内で止まることができずに前進を続け、下り線との間のポイント分岐器を割り込み（＝壊して！）下り線（勝山方向）に進入して脱線し、立ち往生してしまった。

　東古市駅は、駅を出外れるとすぐに単線の軌道となる。本線内で脱線した電車は待避線（昔の3番線）に進入することが不可能となった以上、ここで取るべき手段は、信号機の「全赤」により、越前本線を走行中の全列車を停止するより他に無かった。しかしながら、脱線事故への対応が遅れ、かつ、列車無線の不調もあり、他の電車の運転士に注意を促すことが充分できないうちに、駅に接近して来た勝山行きの下り列車と正面衝突してしまった。オーバーランした上り列車の運転士1名は死亡し、両列車の乗客24名が重軽傷を負うという惨事になった。

福井新聞 2000年12月18日付1面　Ⓒ福井新聞社

　筆者は丁度この事故が発生した時、国際学会（Pacifichem 2000）に参加するため、ハワイのホノルル市に滞在していた。現地のTVでは、夕方に日本語ニュースの時間帯があるのだが、そこで、正面衝突の映像が福井の文字と共に映し出されたときの衝撃は、忘れられない。

Hロッドの破断が事故原因

　Hロッドは、名前の通りHの字の形をしたブレーキの部品であり、運転台にある1つのブレーキレバーの操作を4等分して車輪に伝えて制動する機能をもつ。Hロッドを介するブレーキシステムは、電車が単車、即ち、車輪4個の付いた台車1個に車体が乗った構造の小さな電車であった時代から使われており、その後、車体が大型化してボギー車（台車2個以上）がメインとなってからも使われ続けた、信頼性の高い装置である。

　もちろん、Hロッドが破断すると、ブレーキレバーの操作が車輪に全く伝わらなくなるため、電車を止めようがなくなるのだが、路面電車など低速で走行する電車で、かつ、水平に近い軌道上なら摩擦でじきに停止してしまうことはまず間違いない。だから、こうした条件（低速や閑散）下に限って運転される電車の場合、予備のブレーキシステムの設置は、法律上では義務付けられていなかった。

東京市電春日町交差点の事故

　「じきに停止」できず起きたのが、1940年7月15日、東京市電（現・東京都電）の春日町交差点で起きた、電車衝突事故である。Hロッドの破断によりブレーキが効かなくなり急坂を暴走して降りて来た電車が、交差点を右折しようとしていた対向電車の左前部に衝突し、運転士1名が死亡した。その後、路線の部分廃止により都電どうしの交差点が消滅するまでの約30年間、同種の事故は起きていない。

　Hロッドを介するブレーキシステムで予備のブレーキシステムが無い車両は、この事故の後も、日本各地で引き続き運転されていた。戦後の標準型とされた都電6000型は、そのような車両の代表的なものである（290両が製造され、1形式の両数でトップ）。越前本線での事故の後、予備のブレーキシステムの設置が法律上、義務付けられることになったのだが、都電の6152号車（愛称：一球さん号）は、改造が難しかったため、営業線からの引退を余儀なくされたことを、付け加えておこう。

ブレーキシステムの二重化

　京福電鉄（福井支社）は、厳密に言えば、「低速で走行する」鉄道ではなかったものの、運転本数がさほど多くなかったことにより簡便化が認められたのであろう、予備のブレーキシステム無しでの営業が続けられていた。しかしながら、ブレーキの故障が原因で死亡事故が起きたとなれば、話は別である。

　Hロッドは事故の直前に点検修理を受けていたものの、破断は修理箇所でない部分から起きたことが明らかとなった。これは、取りも直さず、普段から充分な保守点検を受けていなかったことを意味する。その結果、Hロッドの交換修理だけでは済まず、予備のブレーキシステム（電動）の設置が義務付けられた。当然、車両改修が完了するまでの間、運行は停止されることになった。

　ともあれ、ブレーキシステムが二重になったことで、停車に関しては信頼性が増した。Hロッドを介するブレーキシステムと予備のブレーキシステムの間には、動作上の相関がないから、2つのシステムが同時に故障する可能性は無きに等しく、2000年に起きたのと同様の事故を起こす恐れは薄らぐ。

列車の運行が再開された。約半年の間、何事もなく順調に経過した。事故の話題が人々の口に上る機会は減少の一途を辿った。しかしながら、客足が戻りつつあった翌2001年夏、2度目の正面衝突という惨事が発生してしまった。

閉塞（へいそく）について

前に、京福電鉄（福井支社）の信号機システムは、自動信号ではあっても自動閉塞ではないことを述べた。では、この「閉塞」とは何か？この場を借りて簡単におさらいしておこう。

行く手の単線区間に対向列車がいる場合、自分の列車がそのまま進行すれば、間違いなく正面衝突を起こすはずである。これを回避するためには、自分の列車は手前の複線区間（交換可能な駅または信号場の場内）にとどまり、対向列車と行き違う必要がある。この、単線区間に1列車（=1方向、もちろん続行運転は別）しか入れないように管理することにより、安全な運行を確保する技法が閉塞である。

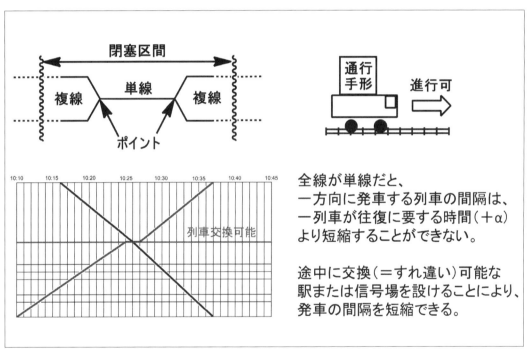

図23　鉄道の運行における閉塞とは何か？

自動閉塞

ある単線区間の通行手形＝タブレットを必要ごとに1列車にだけ与えるのがタブレット閉塞である。この場合には、タブレットという物体と人間による通信の組み合わせが必須であった。自動閉塞というのは、タブレット閉塞に伴う不確実性を回避するため、「タブレット＝物体と通信のやりとり」の部分を信号機システムと分岐ポイントの操作に置き換えたものであり、列車は信号現示を守って進行するだけで、閉塞を確保できるようにしたものである。この場合に必要となるのは、

(1) 逆方向の列車を単線区間の手前で止めるか、
(2) (1) で止められず逆方向の列車が単線区間に進入しそうになったら
   脇に逸らすか、

のどちらかである。

具体的には、(1) は列車自動停止装置 (ATS)、(2) は脱線転轍 (てんてつ) 器または安全側線ということになる。(1) は地下鉄や JR を含む大手電鉄など、大量輸送が必要な路線で設備されることが多い。一方の (2) は、単線区間を多く持つ地方ローカル路線で設備されることが多かった。これらは、出発信号機とポイントを連動させたシステムで、出発信号機が「赤 (= 停止)」の時に無視して発車すると、ポイントが切り替わり、列車を本線から逸らす機能を持つものである。設備面での違いを見ると、脱線転轍器では、既存のレールの間に小さなポイント分岐器を取り付けるだけで良いのに対し、安全側線では、ポイント分岐器に加えて、列車1編成がすっぽり収まる以上の長さを持つ側線を建設する必要がある。

脱線転轍器は、外国では今でも良く見られるが、いざこれを「使う」ことになると、列車(特に先頭車両)が軌道内で「擱座(かくざ)」するため、事故は防げても本線の線路まで壊れることが多く、復旧に手間がかかってしまうことがネックである。間違いない技法ではあっても、新型コロナウィルス禍以前、ラッシュアワーが狭い時間帯に集中する傾向が強かった日本では好まれず、殆どの路線で安全側線が設置されていた。

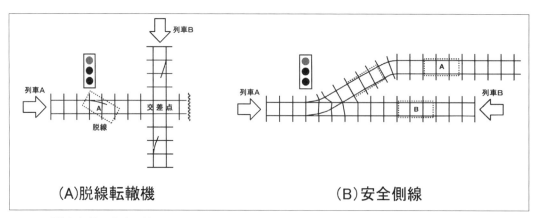

図24 脱線転轍機と安全側線

有名な脱線転轍機の一つに、京阪電鉄と京都市電稲荷線の平面交差地点の前後に設けられたものがある (図24の (A) のイメージのもの)。ここは、鉄道どうしの交差点が作られて間もなく、京阪と市電の車両どうしの衝突事故が起きたことによって設置されたものである。もっとも、脱線転轍機が設置後「稼働」することは無かったのだが (良かった!?)。1970年3月末に市電稲荷線が廃止された際、交差点付近の脱線転轍機は全て、撤去された。

京福電鉄(福井支社)の場合はと言うと、(1)(2)のどちらも設備されていなかった。理由としては、全体的に運転本数が多くないので、何か起きたら信号機の「全赤」と列車無線による確認で事足りるはず、というロジックで臨んでいたものと考えられる。

2001年6月24日の保田駅ー発坂駅間での正面衝突事故

「事足りるはず」がものの見事に突破されたのが、2001年の正面衝突事故であった。たまたま、発坂駅（複線）で上り普通列車と対向する下り急行列車が列車交換（すれ違う）する必要があった。ところが、運転士は出発信号機が「赤」であることを確認せず発車してしまい、単線区間で上下線の列車が対峙する事態となった。自動閉塞でない以上、取るべき手段は、2000年の事故の時と同様、信号機の「全赤」により、越前本線を走行中の全列車を停止するより他に無かった。しかし、この時も対応が遅れ、対向電車の運転士に注意を促すことが充分できず、正面衝突し、25名が重軽傷を負う惨事となった。

半年の間に2回の事故、しかも正面衝突事故という大惨事を引き起こした結果、ちょっと手直しした程度のことでは済まず、列車の運行は停止された。京福電鉄福井支社は、電車の運行から手を引き、バスに特化することになったが、その後、冬場の通勤通学の足としてはバス輸送だけでは追いつかないことが明らかとなった。そこで、第3セクターとしてえちぜん鉄道が発足することになった。永平寺線のみを廃線とし、残りの路線の運転「再開」に漕ぎ着けたのは、2003年4月のことであった。

考察

運転本数が多くない電鉄の場合、安全管理のシステムを一部、簡便化することができることは前にも述べた。何か起きたら信号機の「全赤」と列車無線による確認で事足りるはず、というロジックは、それ自体は正しかったはずなのだが、いざ緊急事態が起きた際に、速やかに手を打って行くための初動は、2000年事故、2001年事故のいずれでも鈍く、事故を防ぐことができなかった。本音と建前の話は良く聞くが、上記のロジックは、迅速に実行できないのなら、絵に描いた餅であったことになる。予算の捻出が苦しかったのは分かるが、「何か起きたら全赤」だけでも自動的に作動するようにしてあれば、いずれの事故も起きずに済んでいたと考えられる。従業員は緊急事態など、経験したことがないのが殆ど（のはず）だから、いざという時に「動けなくなる」ことは充分あり得る。最悪の事態を「想像」できることが、安全システムを構築する際の基盤に据えられるべきではないのだろうか？

◆ 8－3. 信楽高原鐵道正面衝突事故（1993年）

信楽焼と鉄道

信楽は焼物で昔から有名な観光地である。出来上がった製品は、草津線の貴生川駅から貨車で全国に運ばれるが、信楽から貴生川駅までは何らかの方法で搬入しないといけない。信楽焼の需要が高まるにつれて、荷車で重い焼物を、険しい山道伝いに運搬することが律速となってきた。山合いの信楽から平地までロープウェイが何度も架けられたが、信頼性に乏しい（火鉢とか大きい製品が良く落ちた!）ため、長続きしなかった。地元にとって待望の鉄道は1933年に国鉄信楽線として開通した。輸送量は一挙に増え、信楽焼の運搬にも大いに貢献した。

信楽駅前の「大ダヌキ」と筆者　　　　　信楽駅ホームで出迎えるタヌキの「群れ」

　このエピソードからも明らかなように、信楽線は貨物中心の路線であった。信楽から運ばれた焼物は貴生川駅構内に設けられた広い操車場で積み替えられ、隣接する草津線から全国各地に向けて出荷された。これに対し、旅客は少なかったから、ホームは草津線貴生川駅のホームの一部を切り欠く形（身近な例として、越美北線の福井駅ホーム）で設けられており、客車3両の停車が限度となっていた。このことは、レールの線形の問題もあったが、草津線からの直通列車（もしあれば）は草津線貴生川駅から発着する必要があることを意味しており、後に起きる正面衝突事故の遠因ともなった。

切り欠きホームの例（越美北線福井駅）

　戦後、全国どこの鉄道も旅行ブームで賑わったが、高度成長期の終焉と共に、信楽線は赤字路線になった。1987年のJR発足時に、信楽線は第3セクター化されて信楽高原鐵道（SKR）となり、現在に至っている。SKR発足時は、1本の列車が単線の貴生川－信楽間を往復するだけの、簡単なダイヤであった。この場合、片道約30分を要するので、上り下りとも1時間ごとの発車ということになるが、当時の交通需要から見れば充分であった。

世界陶芸祭

　変化が起きたのは、平成に入って間もなくのことであった。1991（平成3）年、信楽で世界陶芸祭が開催されることが決まったのである。バブル経済中の幾多の催しに食傷気味だった大衆が、陶芸に特化したイベントに喰いついた。来場者の予測は1日当たり最大2万人。鉄道に並行する国道307号線が整備されたので、このうちの何割かは自動車で来場するだろう。そうであっても、全線単線で輸送密度が1日約2000人のSKRが単独で、ひたすらピストン輸送に努めたとしても、とても陶芸祭への来場者を運び切れない。滋賀県知事名により、SKRのみならずJR西日本にも協力要請があったのは当然のことであった。

　まず、JRがSKRへ列車を乗り入れることが決められた（運転士の交代なしで）。次いで、SKRの路線の途中に小野谷信号場を設け、列車交換を可能にすることが決められた。但し小野谷は峠の位置にある。そこで、ここは原則無人とし、貴生川・信楽の両駅から「閉塞」を制御できるようにする必要があった。以上、2つの対策により、上り下りとも30分ごとの発車が可能となった。全ての準備が整ったのは、陶芸祭開幕のひと月前である。おさらいとして、ごく簡単に、全体の路線略図を示しておく。

<貴生川駅><単線区間1><小野谷信号場><単線区間2><信楽駅>
　　　　　　　　　　上り⇔下り

閉塞

　言うまでもなく、2つの単線区間では、上り（＝左行）か下り（＝右行）かどちらか一方しか運転できない（図25）。この場合、1つの単線区間に1つの列車しか入れないようにし、正面衝突が起きないように安全に管理することを閉塞と呼ぶ。古くはタブレット（旧・敦賀港駅舎内などで見学できる）を始めとする「通行手形」を持つ列車だけが、指定された単線区間を運転できる、という、アナログな方法が常用されていたが、最近では、列車の位置と進行方向に基いてコンピューターが進路を計算し、信号機もそれに合わせて切り替わるという自動閉塞が一般化し、広く用いられるようになっている。なお、小野谷信号場を設けたSKRの場合は、列車からの電波の受信器の設置が路線の一部に限られていたので、特殊自動閉塞と呼ばれるシステムであった。

JR側のシステム改造：方向優先テコ

　前にも述べた通り、信楽線貴生川駅は切り欠き式ホームのため、一度に一編成の列車しか入れない。従って、JRからの乗り入れ列車は概（おおむ）ね、草津線貴生川駅ホームから発着する必要がある。JR貴生川駅には予備の下り線用ホームがないため、JR線内で列車が遅れ、かつ、速やかに発車が出来ない場合（SKRの単線区間に対向＝上り列車がいる）、ダイヤが更に乱れることになる！そこで、JR線内での列車遅延の場合に備えて、JR下り列車（信楽行き）が優先的に、貴生川駅から単線区間1へ向けて発車できるよう、方向優先テコが設置された。これは、上り列車（＝貴生川行き）が小野谷信号場内で待機するよう、出発信号機に「赤（＝停止）」を現示させる装置である。設置理由そのものは申し分ないものの、工事が密かに行われた上、「テコ」の存在についてのSKRへの連絡も不充分であったことは重大な禍根であり、あとあと祟ることになった。

もともとの信号システム

　方向優先テコがONになると、小野谷信号場では貴生川方向（上り）の出発信号が「赤」になる。この機能の設置は、元々、遅れている下り列車（もしあれば）が優先的に信号場へ進入できるようにするためだけのものであった。常時ONであり続けるものではない。だから、「赤」に切り替えたまま固定するために必要な最小限の改造以外は、列車の本数がさほど多くはなかった以上、元からの信号システムを活用すればこと足りたのである。

　ここで、もとからの信号システムがどのようになっていたか、おさらいしておこう。小野谷信号場の下り線（信楽方面）の信号機は、赤（停止）位置が基本で、列車が信号機手前の検知点を踏むと黄（注意進行）となり、更に信号機直下の検知点を踏むと赤（停止）に戻る、というロジックで設置されていた。下り列車から見て手前にある場内信号と奥にある出発信号は、連動していなかった。これは、信号場を有人で運用する際の通告進行（要は、1列車ずつ確認して進行を許可すること）のやり方に近く、閉塞システムとして考えても、確実に安全を担保できる方法だったと言える。

　ところが、信号場が開場して実際に運転が始まると、運転士たちから苦情が出た。いちいち列車が一時停止して信号が変わるのを待つやり方では、勾配区間の運転がぎくしゃくしてしまう。やりにくいのは運転士だけでなく、お客さんも乗り心地が悪い。そこで、これを改善するため、いちいち止まらないで列車が進行できるように、信号場内の信号系の改造を行うことにした。後から見て問題と考えられるのは、SKRがJRに負けじと？これ又、相手方に無断で改造を行った点である。

SKR側のシステム改造：運転への配慮だったのだが

　一般的に、信号システムの定位は「赤」であり、列車が手前の検知点に到達した時点で信号機より先の区間が「閉塞」できていて進行可能であれば、「黄」または「青」（反位という）に変化した上で、信号機直下の検知点を通過すると「赤」（定位）に戻る、というロジックになっている。小野谷信号場が峠の位置にあることは前にも述べたが、上り下りいずれの列車もここへ入場する時は上り坂となる。従って、通常の信号機システムの設定通りでは、「赤」が現示された状態のままだから、上り坂の途中で一時停止しなければならない。これでは運転しにくいとクレームが付いたことにより、貴生川・信楽の両駅から単線区間1・2での列車の進行方向が指定された時点で、場内信号機（＝入場用）が「黄」に変わるように改造されたのである。

　当然、これまでよりも信号場内の列車の速度は上り下りとも大きくなるから、すぐ奥に位置している出発信号機が急に「赤」に変わったりしたら即座に停止できなくなる恐れがある。そこで、出発信号は場内信号とリエゾンして「進行信号−進行信号」のまま固定され、切り替わらないようにしたのである。これは一般に反位片鎖錠と呼ばれるシステムである。当初は上り線下り線共に反位片鎖錠が設置されたが、試運転の結果、上り線側の速度は下り線側ほど大きくならないことが確認されたことにより、下り線側のみ、反位片鎖錠が残されることになった。以上に加えて、信楽駅到着の下り列車がホームにスムーズに入れるよう、単線区間2での進行方向が指定された時点で信楽駅ホームの場内信号機（＝到着用）が「黄」（もちろん、出発信号機は「赤」）に変わるような改造も行われた。

JRにしてもSKRにしても、お互いにメンツもあったろうし、相手方に知らせないで無断で改造したのは、道義的には問題とはいえ、技術上は、信号システムに関する限り独立した案件であったから、実害は無かったはずであった。忖度（そんたく）だらけの人間社会と違って、機能的に独立したシステム間の「干渉」は考えられず、どちらのシステムでも、下り列車が信楽駅に到着すると出発信号の「赤」が自動的に解除する、鉄道信号の基本を踏まえてロジックが構築されていたからである。

　ところが…以上に述べたシステムが相次いで（!）設けられた後、方向優先テコがオンの場合、信楽駅の出発信号が何故か「赤固着」してしまい、切り替えられなくなる、というトラブルがしばしば起きることになった。今の立ち位置から冷静に、合理的思考に基づく「振り返り」を行うなら、原因は、小野谷信号場の下り線の反位片鎖錠にあったと判断できるのだが、信号システム改造時には突き止められず、営業運転へと突入することになった。

復習

　おさらいすると、反位片鎖錠は、進行信号が出ている短い区間の先で急に停止を指示されても止まれない、という事態を防ぐためのものである。具体的には、列車のすぐ前にある場内信号が進行（黄）のまま、少し先にある出発信号が進行（黄）に切り替わった場合、「2番目の黄」が不意に定位の赤に復帰して急ブレーキ、となることを防止するための仕掛けである。もちろん、列車が通過しつつ指示を与えた信号現示は、終点に到着すれば全て解除する、のが全体を支えるロジックである。

　以上述べたような条件下で、何故、異常事態が起きてしまったのだろうか？

　公文書や種々のSNSサイトの記述は文章によるものが多く、読者の側から見ると、時々刻々変化する状況を的確に可視化しているとは言い難いように、筆者には思われた。そこで本書では、列車の進行に伴う信号機の色灯の変化の推移について、順次、図解することを試みようと思う。まず、線路配置図（図25）から示す。

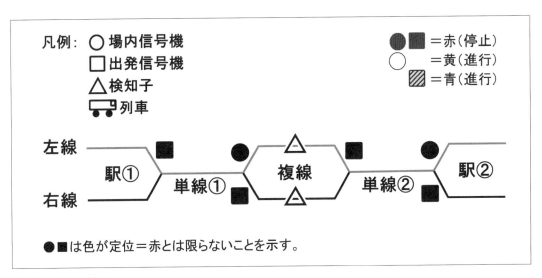

図25　線路配置図

列車の進行に伴う信号機の色灯の変化（1）：方向優先テコが OFF の場合

STEP1: 駅①に列車がスタンバイ（図26）
　前にも述べた通り、信号機の定位は「赤」であるから、進行方向に関しては「全赤」として描いてある。

STEP2: 駅①から単線①の方向指示を「右行」に設定（図27）
　駅①の出発信号機は赤→青、複線部分の場内信号機（右行）は赤→黄に変化。
　同時に複線部分の出発信号機（左行）は？→赤に変化。

STEP3: 列車が駅①を発車して単線①に進入（図28）
　駅①の出発信号機は青→赤に変化。

STEP4: 列車が複線区間の場内信号機（右行）を通過（図29）
　複線部分の場内信号機（右行）は黄→赤に変化。
　単線①の方向指示はオフになる。

STEP5: 列車が複線区間の検知子に到達（図30）
　複線部分の出発信号機（右行）は赤→青に変化。
　駅②の場内信号機は赤→黄に変化。
　単線②の方向指示が「右行」となる。
　同時に駅②の出発信号機（左行）は？→赤に変化。

STEP6: 列車が複線区間の出発信号機（右行）を通過して単線②に進入（図31）
　複線部分の出発信号機（右行）は青→赤に変化。

STEP7: 列車が駅②に到着（図32）
　駅②の場内信号機（右行）が黄→赤に変化。
　単線②の方向指示はオフになる。

　ここまでは、方向優先テコが OFF の状態の場合について検討を行ってきたが、テコが ON だとどのような違いが現れるだろうか？それを次に検討してみよう。
　方向優先テコが下り列車（右行）の複線区間進入以降に ON になっても、上り線（左行）側の信号変化が、OFF の時と変わらないのは見易い。問題は、列車の複線区間進入以前にテコが ON になった場合である。それを次に示して行こう。

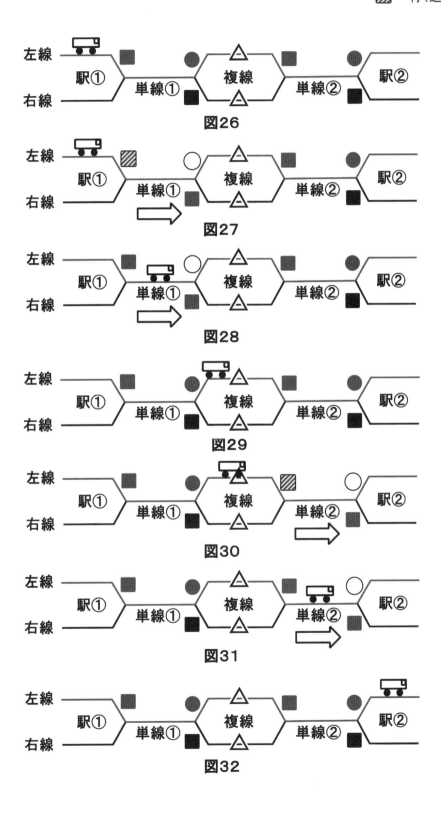

列車の進行に伴う信号機の色灯の変化（2）：方向優先テコが ON の場合

STEP1〜3: テコが OFF の時と変化しない（省略）

STEP4A: 列車が複線区間の場内信号機（右行）を通過（図 29A）

　複線部分の場内信号機（右行）は黄→赤に変化。
　単線①の方向指示はオフにならない（方向優先テコが ON のため）。
　複線部分の場内信号機（右行）は、単線①の方向指示が「右行」に設定された時点で注意（黄）になるように改造されているので、右行きの列車が速やかに進行して検知子に到達すれば、先に示した「図 30」の状態になるので問題は起こらない。
　しかし、右行きの列車が徐行し（黄色信号なので普通はそうなる）、検知子に到達する前に場内信号機（右行）が注意（黄）に切り替わった場合には、次に示した状態になるであろう。

STEP4B:（図 29B）

　図 4 との違いに注意して進んでいただきたい。

STEP5A: 列車が複線区間の検知子に到達（図 30A）。

　複線部分の出発信号機（右行）は赤→青に変化。
　駅②の場内信号機は赤→黄に変化。
　単線②の方向指示が「右行」となる。
　同時に駅②の出発信号機（左行）は？→赤に変化。
　複線区間の場内信号機と出発信号機（いずれも右行）は反位片鎖錠があるため、進行−（注意）進行で固定されてしまうことになる。従って・・・

STEP6A: 列車が複線区間の出発信号機（右行）を通過して単線②に進入（図 31A）

　複線部分の出発信号機（右行）は反位片鎖錠があるため青信号維持。
　駅②の出発信号機（左行）は赤信号維持。

STEP7A: 列車が駅②に到着（図 32A）

　駅②の場内信号機（右行）が黄→赤に変化。
　単線②の方向指示は複線区間の出発信号機（右行）が青に固定されているため、OFF にならない。
　従って、方向指示と連動している駅②の出発信号機（左行）も、赤のまま。

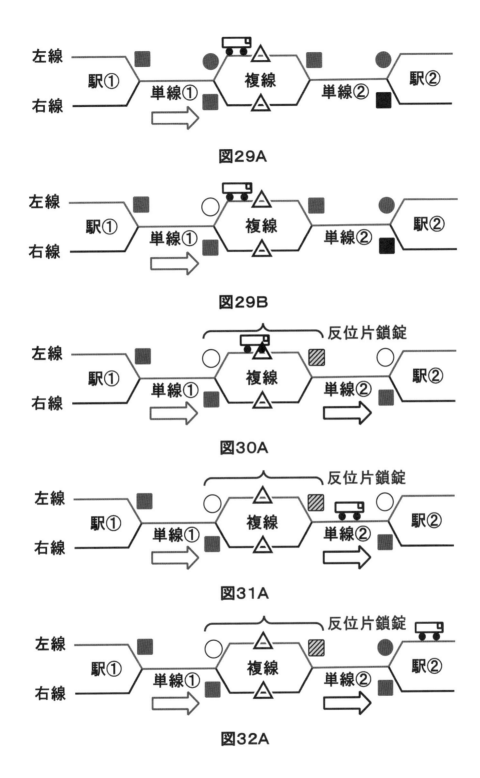

図29A

図29B

図30A

図31A

図32A

復習

信号が進行（青）または注意（黄）を現示するためには、列車の前方の進路が確保されている必要がある。従って、右行の列車が複線区間の検知子に到達しても、左行の列車が単線②を走行

しているならば、この条件を満たさないため、信号は赤のままである。

　左行の列車が複線区間に進入すれば、その時点で右行の列車前方の進路が確保されるから、信号は青に変化することになる。検知子のおかげで、係員が信号場（複線区間）常駐して注意を払う必要がなくなっていることが分かる。

　また、駅②から駅①に向かう場合には、駅②が単線②の方向指示を「左行」に設定し、以下、逆方向に同じ過程を繰り返して進行することになる。

問題点の整理

　以上が、方向優先テコが、列車が複線区間に到達する手前で ON になると、信号機の色灯を変化させる情報が、順次、列車の進行と共に路線の先へ先へと伝えられて行き、結局、駅②の出発信号が「赤固着」を起こしてしまうロジックとして、ほぼ間違いの無い所である。「続・事故の鉄道史」の著者は、この列車のことを「露払い列車」と呼んだが、言い得て妙と思われる読者の方も多いのではなかろうか？

　もちろん、図 31B の時、複線区間を右行きの列車が「猛スピード」で突破すれば、反位片鎖錠は作動しないで済むが、黄色信号（徐行）である以上、その確率は低く、上で述べた赤固着は継続する蓋然性が高いと考えられる。となると、赤固着が解除するのは、方向優先テコが OFF になった上で 1 回右行き列車が通過した後、ということになるではないか！方向優先テコは、単線区間での正面衝突事故を誘発するようなものではないか？いや、決してそうではない。落ち着いて、次の説明をお読みになって下さい。

代用閉塞

　単線区間を含む路線で、信号系が安全を守る手段として有効に働かなくなったとしたら、一体どうすれば良いのだろうか？差し当たり、閉塞（単線区間は 1 列車のみ）は維持しなければならないことは言うまでもない。そのために、緊急時に取り得る代わりの手段として定められているのが「代用閉塞」である。

　単線区間を通過する 1 列車のみに「通行手形」を与えることにより、安全を維持するメソッドが閉塞であるが、最初は特定の駅員が乗り込んだ列車を設定して運行していたことを思い出していただきたい。つまり、信号システムが信用できなくなっているのだから、当初の「マニュアル方式」に、一時的に戻せば良いのだ。SKR の場合は、複線で交換設備を持つ信号場が「区間」の境目になっている。だから、まず走行中の列車（逆方向）と連絡（無線など）を取り信号場で臨時停車させておき、次に、信号場（通常は無人）に駅員を派遣し、2 個の閉塞区間を管理する態勢を敷くことが、必要不可欠である。信号場に駅員が配置されたら、先に決められている「代用閉塞」の方法に従って、列車の運行を再開する。駅①と駅②と連絡を取って、上り下りとも、確認しながら 1 列車ずつ、単線区間の通行許可を与える方式を取ることになるであろう（指導通信式）。

最後の砦、誤発車検知装置

　そうは言っても、代用閉塞を実施できる態勢が整う以前、または、何らかのミスにより列車が駅から発車してしまった場合には、早晩起こる正面衝突事故を防ぐ方法はあるのだろうか？その

ためには反位片鎖錠を解除することが必須条件となるのだが…ある！それが誤発車検知装置である。

方向優先テコで固定された進行信号からのリエゾンを断ち切る、即ち、反位片鎖錠をoverrideできる唯一の仕掛けが誤発車検知装置である。これは、駅②から列車が赤信号を無視して発車（左行）しても、複線区間の出発信号（右行）が強制的に「赤」に変化し、右行き列車の単線②への進行を食い止めることができる、というシステムである。

振り返ってみると、反位片鎖錠による進行信号－進行信号のリエゾン固定が、事故に深く関係していたことが分かる。これさえなければ、運転士さんに多少不満はあったにせよ（信号場内は水平だから一時停止しても乗り心地が悪いということはないので）、正面衝突事故は起こりようがなかったのだ。

1991年5月3日のインシデント

正面衝突事故が発生したのは1991年5月14日の午前10時半過ぎのことであったが、実はその直前、ゴールデンウィーク期間中の5月3日にも、信楽駅（駅②に相当）で上り出発信号の「赤固着」が起きており、事故一歩手前の状況にまで立ち至っていたことが、後日の調査で判明した。この時は、営業運転中に信号制御室の点検が行われた（法律上、禁止！）のであるが、信楽駅構内の作業だけでは、「赤固着」が解決できなかった。これは、前にも述べた通り、今、正に発車できないでいる上り列車が、約30分前に上り列車として走行中、小野谷信号場に到着する以前に、方向優先テコがONになったことが原因であった。しかし、SKR側は、テコの存在を明確に把握していなかったのであるから、解決の糸口が掴めなかったのも無理はない。

そこで、代用閉塞の準備のため、信楽駅から小野谷信号場に駅員を派遣するための業務車が出発したが、SKRと並行する国道307号線が混雑していたため、駅員が小野谷信号場へなかなか到着できず、従って、代用閉塞のための人員配置が敷けないでいるうちに、ホームに殺到する乗客を見かねて（生産圧力、危険！）上り列車が信楽駅を発車してしまう事態となった。幸い、誤発車検知装置が正常に機能したおかげで、信号場の下り線側の出発信号機（信楽寄り）が赤に変わり、下り列車が信号場内で停車したため、こと無きを得た。

しばらくすると、方向優先テコがOFFとなった結果、信楽駅の出発信号「赤固着」も解消したため、代用閉塞は終了し、通常の運行に戻った。結局、問題の本質を突き止めることができないまま、事故当日（14日）を迎えることになったのである。

読者の方には怒られるかも知れないが、3日のインシデントは、14日の事故の「予行演習」と言っても差し支えないほど、酷似した事例であった。誤発車検知装置が正常に機能したとはいえ、信号場の下り線側の出発信号機には、「短時間青が点灯して直後に赤に復帰」という、不安定な動きが運転士に目撃されていた。これは、

「方向優先テコおよび反位片鎖錠が作動＋信楽駅信号制御室の点検」

による影響が顕在（けんざい）化したものと考えられるが、報告されず、この情報は14日の大事故発生まで、埋もれたままであった。この時点で赤固着の真相解明が出来ていれば…と惜しま

れるが、そもそも、信号系に関わる改造工事に関し、JRとSKR、いずれも不完全な情報しか持ち合わせていなかった以上、無いものねだり、の誹（そし）りを免れないであろう。

1991年5月14日の大事故

その後も、方向優先テコがONにされること自体は、しばしば起きていたものの、幸いなことに、3日のインシデントの後、「赤固着」が発生しないまま、旬日を経過した。「世界陶芸祭」は当初の期待を上回る盛況が続いており、会期の半ばごろには既に、事前に予測された来場者数を上回る、好成績を収めていた。このまま閉幕まで続いて行ってくれれば、と関係者の誰しもが期待した矢先、好事魔多し、14日の午前10時過ぎ、下り531D（Dは気動車を表わす略号）として信楽駅に到着した列車が折り返し、上り534Dとして出発しようとした際、出発信号機の「赤固着」が突如起きたのだ。SKRが蜂の巣を突いたような騒ぎになったことは言うまでもない。

3日のインシデント後、信号機器周りの点検は続けられていたが、異常な箇所は確認されていなかった。前にも述べた通り、改造された信号システムの全貌が把握できておらず、従って、システム全体を「俯瞰（ふかん）」することが不可能であった以上、関係者がこの「赤固着」は、ゲリラ的な偶発事であると考えたのも無理はない。インシデントから11日が経過したにも拘わらず、起きた事象を論理的に解明する取り組みは全く行われていなかったから、「赤固着」再発時の安全対策は、何一つ進展していなかったと言える。それでも、技術の基本に立ち帰り、営業運転中に信号制御室の点検だけは何があっても禁止する、その一点の注意さえ徹底できていれば、誤発車検知装置は必ずしも信頼性の高いものではなかったにせよ、正面衝突事故の発生は、食い止められたのではなかろうか？

事故の拡大再生産

残念なことに、SKRの関係者が取った行動は、3日のインシデントの時と全く変わりがなかった。誤発車検知装置を「安全の最後の砦」として信頼しているのならば、断じて、信号制御室の点検を行ってはならなかった。この日も、信楽駅から小野谷信号場への駅員の派遣が道路混雑で難航した結果、代用閉塞の態勢を敷く前に、又もや、上り列車が信楽駅を発車してしまう事態に立ち至った。誤発車検知装置を過信したことに対する天罰でもあろうか（信号制御室の点検のせいとは断定できないが）、今回は、検知装置からの信号が、小野谷信号場の下り出発信号機（信楽駅寄り）に伝わらず、従って、反位片鎖錠の働きで進行信号が継続してしまい、これを見て発車した下り列車が、単線区間②の途中で、534Dと正面衝突することを、回避できなかった。両方の列車で、衝突により咬合（こうごう）した部分にいた乗客・乗員のうち、42名が落命し、助かった乗客・乗員も軒並み大怪我を負う、大惨事となった。

世界陶芸祭はこの大事故のため、会期を短縮、閉幕に追い込まれた。

　　事故車両の部分展示（信楽駅）　　　　　　　事故現場の線路脇に設けられた慰霊碑

考察

　もともと、JR線内で遅れが発生した場合には、運転センターから信楽駅に連絡し、SKRの駅員に小野谷信号場の下り出発信号機（信楽寄り）を「赤」に切り替えてもらう方法で対応することになっていた。駅の制御盤にもそのための切り替えスイッチが付けられる予定だったことは、残された設計図に示されている。ところが、これは取りもなおさず、システムの弱点を人間系でカバーしようとする思想に基づくものであったため、いざ施工となる直前に、JRの技術者側からクレームが付いた。これには、JRがSKRとは比べ物にならないほど大きい会社であるのに、頭を下げて頼むようなことは…という優等意識が背景にあったのではないかと想像されるのだが、結局、運転センターに設置する「方向優先テコ」の操作により、JR側で信楽駅の上り出発信号機を「赤」に切り替えられるようにし、信楽駅の制御パネルには、切り替えスイッチの代わりに、「テコ」が機能していることを表示するためのランプ（矢印）が付けられることになったのである。

　SKRの社員たちは、信号系の改修を含めたシステム全体の姿を想像できなかったため、「赤固着」には対症療法的にしか対応できず、それが結局大事故に繋がったことは、先に述べた通りである。それでは、信号系の改修に関する情報を相互に伝えるシステムは、JR・SKR両者の間に設けられていなかったのだろうか？実は、両者の技術者から出された情報は、会社の経営陣を経て交換される約束になっていた。ところが、SKRの技術者から自社の信号系改修（いちばん肝腎の話！）についてJR側に連絡すべく経営陣に伝えた情報は、経営陣がJR側に「遠慮」した結果、伝達されずに終わったことが、裁判の進行中に確認されている。

教訓

　安全のための仕組みが、ご都合主義の結果で、機能しないまま、事故の発生に至る。「技術面からでない思惑」については第6章で取り上げたが、それとも一脈通じる事例であったと言うことができよう。

　もし、信号系システムの全体像が把握できていれば、信号場内に1つだけ残された「反位片鎖錠」が「赤固着」の原因であったことは、両社の技術陣の力をもってすれば、容易に突き止められたはずであった。問題の本質が掴めていれば、対策も的確に取ることができ、信号場の下り線（右

行き）の反位片鎖錠を外し、速度制限板を設置するだけで、今回起きたような事故は、間違いなく防げていただろう。JR⇔SKR の直通運転は、差し当たり、世界陶芸祭の期間限定とされていたので、予算を掛けて 1 か所だけ ATS（自動列車停止装置）を設けるほどのことは無かったと考えられる。

◆ 8 - 4. JCO 臨界事故（1999 年）

はじめに

　システムの弱点を人間の注意力でカバーしようとして、結局破綻してしまう話は、別に鉄道に限ったことではない。ここからは化学物質の取り扱いが関係した事例を 2 つ、取り上げて紹介してみよう。

　日本の原子力発電は 1957 年の東海村に建設された実験炉からスタートした。その後しばらく、発電規模が余り大きくない間は、使用済みウラニウム燃料の処理（埋設処理して問題ないレベルまで残留放射能のレベルを下げる作業工程のこと）は外国の専門業者に委託することで済ますことができたが、発電規模が大きくなるにつれて、是非とも日本国内で作業を行う必要に迫られた。この事故は、そうした使用済み燃料の処理を行う事業所で発生した事例である。

発端と対策

　本事故の原因は、早い話、想定以上の注文が来たことにあった。

　この事業所の位置づけは、処理事業全体から見た場合、補助的なものであったので、それなりの規模の処理が出来るようにプラントは設計・建設されていたのであるが、注文が「うなぎ昇り」となった結果、使用済み燃料の処理を、顧客が要求する期限までにこなすことが困難になってきた。そこで、高い放射能レベルを示すデブリを取り除き、「上澄み」だけを次の工程へ送るために設けられている（時間がかかる！）沈殿槽を省略するという、工程の変更が極秘に行われることになったのである。

　もちろん、沈殿槽の前後のタンクをパイプで直接つなぐのが一番簡単ではあったが、それだと、施設の見学や定期点検の際にバレてしまうだろう。そこで、直接つなぐ代わりに、沈殿槽の手前のタンクから中間処理液（けんだく状態）をポリバケツを使って汲み出し、それを作業員が沈殿槽の直後のタンクへと、運んで空け、作業工程を 1 段階飛ばすことにしたのである。

事故発生に至る経過

　通常の作業工程を通じて作業員が被爆（ひばく）しないのは、ウラニウム燃料由来のデブリ（破片）が臨界質量以下であるため、連鎖反応によるエネルギー放出が起こらないことによる。天然比より高い比率に濃縮されているとはいえ、燃料中のウラニウム 235 の原子は飛び飛びにしか存在しない上、原子核は原子の「占有体積」に比べてはるかに小さいから、核分裂により生成した中性子がそのまま別の原子核に命中する確率はごく低い。図 33 はその様子を模式的に表したものである。

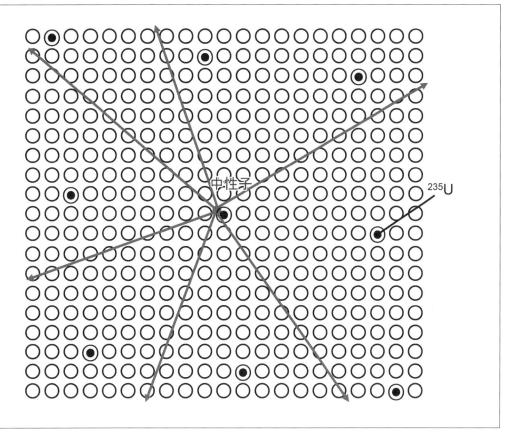

図33 小さな断片だと連鎖反応が起こらないのは何故？

　もちろん、燃料の塊が大きくなれば、中性子の「飛行距離」も長くなるから、連続的に核分裂反応が起こる可能性も高まることになる。従って、「連鎖反応」を起こさないためには、デブリどうしが物理的に（吸着などで）くっつくことを防止する必要があり、沈殿槽はそのための必要不可欠の設備だったのだが、飛ばされてしまった。

　幸いなことに、一般の商用運転の原子炉は、ウラニウム 235 の含量がさほど高くなかったから、安全の基本を無視した変更後の作業工程でも、全く問題は起きなかった。破局は突然やって来た。それは、実験炉・常陽から燃料処理の注文が入ったことによる。常陽の燃料は、ウラニウム 235 の含量が、一般の商用炉より高かったから、取り扱い時に注意が必要だったとはいえ、正規の処理手順のままだったら全く問題なく処理できる素材であったから、常陽としても安心して JCO に注文を出したのであった。

　運命の 9 月 30 日、いつもの通り、作業員がタンクからポリバケツでけんだく状態の中間処理液を別のタンクに移す作業を続けているうち、タンクにたまった大量の放射性デブリがついに「臨界」に達し、原子炉から取り出されて以来中断していた連鎖的核分裂が青色の発光と共に再開してしまった！作業員は重い被爆を受け、治療の甲斐なく死亡するという大惨事となった。

福井新聞 1999 年 10 月 1 日付 1 面　Ⓒ福井新聞社（共同通信配信）

教訓

　本事故の遠因として、装置が大量処理を行うのに向いていなかったことが挙げられる。即ち、事業規模が拡大する可能性を考えずに設計・建設されていたため、実際に注文が殺到するようになった際の融通が利かず、「安全に普通に作業すると間に合わない」というカオスに陥ったのであった。

◆ 8－5. 某製薬会社での薬品取り違えによる患者死亡事故（2020 年、福井）

はじめに

　これは、物質・生命化学科の前身に当たる学科からの卒業生が多数、在籍する企業なので、実名は書かないでおくが、福井ではとても有名な事例である。

　医薬品は患者さんの命に直結する化学物質から構成されるから、製造に当たっては、通常の有機合成の時以上に注意を払う必要がある。特にメインの化合物の製品中での含量は、厳重に管理する必要がある。どのような医薬品も、投与量を増やしていけば、無効域から有効域を経て、致

死域に到達することは変わらない。それぞれの「域」の境い目には個人差があるので、患者さんを診察する医師たちは、その点も考慮に入れて、処方箋を出すことになる。この場合、医薬品が「正しく」製造されていて、最も重要な「主薬」が、ラベルに表示されている通りの量だけ含まれていることが大前提であることは、言うまでもない。だから、製造時に途中で薬品継ぎ足しを行うことは、製品に含まれる成分の量比が狂う可能性があるため、厳禁とされているのである。

　製造終了直後の装置には、あちらこちらに化学物質がこびり付いて残っているのを、医薬品製造所の見学の際に見た方は多いだろう。もったいないな〜と思う人もあるかも知れないが、物質が大量にある時と少量しかない時とでは、分子と分子の間に働く物理的相互作用は異なる。「端っこ」が遠くにあるかすぐ近くにあるかの影響が大きく現れるからだ。だから、1ロットの製造が完了した時点で、製造装置はすべて洗浄してきれいにしないといけないことになっている。ムダがあることで、患者さんの命が守られているのだ、とも言い得よう。

発端と対策

　本事故の原因も、早い話、想定以上の注文が来たことにあった。

　水虫という病気を未経験という人は少ないだろう。湿気がこもるという条件は、TPOを問わず発生するからである。またか、とうんざりする諸兄諸姉も多いだろう。患部にペースト状の医薬品を塗り付けるというのは、すごく手間がかかるからである。

　某製薬会社の水虫薬は自社開発されたもので、何と、飲み薬！だからこそ、注文が殺到する文字通りの「人気商品」であった。注文が多いので、やっとの思いで納期に間に合わせる期間が果てしなく続いていた。そこで、単位時間当たりの生産量を少しでも増やし、作業員を楽にしてあげたい、という動機から行われたのが、禁忌とされていた「薬品継ぎ足し」の、製造工程への導入であった。悪気からではないとはいえ、安全のルールを無視した作業工程の変更は、最悪の結果を齎（もたら）す事態にまで立ち至ってしまった。

事故発生に至る経過と教訓

　結果的に、途中での薬品継ぎ足し自体は、幸運にも事故には繋がらなかった。問題だったのは、継ぎ足し作業を行う時間帯が一定しなかった点にある。作業が深夜、という例もしばしば起きていた。夜中は製造所にスタンバイする作業員は少ない。こうした条件の重なりの中で、2020年6月〜7月のある夜、ミスが発生した。通常は2人でチェックしながら行う、薬品のストックルームから取り出すのを1人で行った際、薬品の取り違えが発生した。具体的には、よく似たカートンを別のものと勘違いしたのである。新型コロナウィルス禍の真っ最中であったし、疲労もあっただろう。この作業員を非難するのはたやすいが、アベレージ・オペレーターの考え方からすると、チェックとミス防止システムが欠如していたため、ハードルを簡単に突破されてしまったことは、作業員のミスそのもの以上に深刻であったと言える。

　薬品継ぎ足し作業の完了後、医薬品の製造は再開した。一見、普段の製造所の風景と変わりはない。しかし、実際には、上で述べたミスの結果、無害の添加剤の代わりに麻酔剤が混入してしまっていた。一般的に、注入する薬品をミスして全体の組成が変わると、製品（錠剤や粉剤）が本来の形にきちんと仕上がらないことが多いのだが、今回の場合、製品の外見からでは、異常を発見

することはできなかった。

　とは言え、ミスを見つけ出すチャンスは出荷直前まで残されていた。サンプル抽出による品質検査を行った所、いつもの製品では全く出ない異常なピークが、僅かであっても出たことが確認されたからである。しかしながら、検査に当たったメンバーは、まさか、違法とされる薬品継ぎ足しが行われた上、その際、違う化合物を加えるミスまでもが発生していたとは、考え及ばなかったのであろう。過去のデータと比較して、これくらいなら問題ない、ベースラインの誤差だろうと考え「合格」の判断を下した結果、問題のロットは出荷されてしまった。最後のチャンスを逃してしまったのである。

　出荷後、「人気商品」は、日本全国の病院から処方箋が出され、多くの患者さんが服用した。混入した麻酔剤を原因とする体調不良を訴えた服用者は200名を超え、うち1名が重症化して命を落とすという、大惨事になった。

　本事故の遠因が、先に挙げたJCOの事故と類似するのは見易いだろう。

◆ 8 - 6. 小括

　単線の鉄道は、悪い条件が重なると、正面衝突の危険が原理的に発生する交通システムである。信号等の制御システムに異常が発生した場合には、閉塞の確保により列車の安全を確保することが最優先であり、そのためには代用閉塞の措置を取ることを躊躇（ためら）ってはいけない。次の砦は「全赤」であるが、見逃しが起きることは避けられないので、最後の砦としてATSのように人間の判断によらず強制的に止める方策が控えているよう、システムを組み立てることが安全確保の見地からは好ましいと言える。

　2018年11月に公開された映画「えちてつ物語」は、芸能活動がうまく行かず福井に帰ってきたヒロインが、えちぜん鉄道（えちてつ）のアテンダントとして奮闘する姿を描いた作品である。8-2.で取り上げた2件の正面衝突事故が物語の背景にあり、映画のクライマックスに影響してくるので、少し触れておきたい。

　乗客の一人であった妊婦が産気づいた。そこで、電車を救急車の代わりに使って病院のすぐ近くまで搬送することを提案するヒロインに対し、過去に正面衝突事故を経験していたベテラン上司は、万一のことを慮（おもんばか）って反対する。これに対し、ヒロインは「目の前の命を助けないでいて、一体何を…!」と激怒。社長が責任を取ると明言したのを受けて、この上司は、自分の事故に対するトラウマと正面から向き合うことを決意し、大半が単線の鉄道の営業線上で、電車をノンストップで目的地まで走行させるための準備に取り掛かる。発車までに何をどのように準備する必要があるのか、丁寧に描かれているので、是非一度、観て欲しいです。なお、ネタバレになるので伏せておきますが、クライマックスには、かの「宮崎アニメ」を彷彿（ほうふつ）とさせるスペクタクルシーンがあります。

9 おはなし事例分析（4）事故調査で訳の分からない報告書が出るのは何故？（A）の検討

◆ 9-1. 緒言

事故調査

　まず、私が敬愛する柳田邦男氏の本から、本書の精神にドンピシャの部分を引用し、それから始めたいと思います

　日本の社会では、航空事故に限らず、一般に事故があると、「ミスをした奴は誰だ」「責任者は誰だ」という考え方をしがちである。事故の責任を明確にすることは、確かに重要なことではあるのだが、われわれは責任を追及するのに性急なあまり、事故の本当の教訓を読み取ることに失敗してはいないだろうか。
　（柳田邦男「死角　巨大事故の現場」より）

　PDCAサイクルの最後のA（Act=アクト）は、次のPへ向けてサイクルを廻し、前のループよりも改良・改善された結果を与えることを担う部分として重要である。かつてはA=Assess（アセス、評価）と講習会等で説明された時期もあったが、ここに含まれる動きは単独ではないから、「アクト」の方が適切と考えられる。具体的には、起こった事象を、証拠を基に「再構成」し、良かった部分と悪かった部分を「評価」し、以上の事柄に基づいて次に繋がる「勧告」を行う所までが含まれる。このプロセスに則って動いており、同時に、私たちにとって身近なもの（進行状況がよく報道されるという意味ではあるが）の代表が、人類のいろいろな活動に付随して行われる事故調査である。

報告書は何故大切か？

　事故というのは、特異な事例ではあるが、平時であっても悪い条件が重なると容易に発生してくるものである。だからこそ、起きてしまった事故の調査に当たっては、検討・考察を行う際に、「あの時こうやっていれば」という言い回しが頻繁に使われることになる。この「決めゼリフ」は、筆者の趣味である囲碁を始めとする勝負事では「逃げ」と取られることが多く、評判が良くないのだが、その回の負けをきちんと認めた上で、名誉挽回の機会（が来ると信じて！）に向けての教訓を得るためだったら、目くじら立てるほどのこともないだろう。昔のプロ棋士・雁金準一9段も、碁を負けた直後にインタビューを受けて、「今度勝ちゃいいんだ」と答えていることでもあるし…
　事故調査で報告を出すことの一番大事な目的は、同じ事象が再度発生しても、大事故（アクシデント）になる前に食い止め、せいぜい小事故（インシデント）に収める、という点にあるからだ。
　にもかかわらず、本章の表題に掲げたような意見が出される機会が極めて多いのは、一体どうしてなのだろうか？これでは肝腎な時に役に立たないではないか！資源が乏しく技術立国・頭脳立国が生命線の日本において、どうしてこのような「ていたらく」が起こってしまうのだろうか？本章では、この点について少しばかり検討してみたいと思う。

◆ 9 − 2. 1966 年の連続航空事故を振り返る

筆者の原点

　1966 年、筆者はまだ小学生であった。この年は、航空機による死亡事故が年間 5 件も発生したので、強く印象に残っている。特に、連続事故の「先鋒」となった羽田沖墜落事故（1982 年に起きた同名のいわゆる「逆噴射」事故とは別）については、NHK の朝のニュース（だと思う）の放送で見た、事故機の T 字型尾翼の残骸が引き揚げられたときの映像の強い印象が、筆者が本書を執筆する決心に至った原点だ、と言っても過言ではないと思っている。

　5 件とも今から半世紀以上昔の事故ではあるが、航空機の設計・製造・運行などの方式が国際的に確立・統一されたのが正にこの 1960 年代である以上、事故という特異な事例の起こり方については、電子機器の整備が格段に進んだ現代ではあっても、さほど変化はないと考えられることから、ここで取り上げることにした。次節に進む前に、要点をまとめたものを並べたので、最近の事例を思い浮かべながら、まずはこれに眼を通して欲しい。

　もちろん、発生時日の新しい事例を取り上げることは可能ではあるとはいえ、刑事裁判はともかく民事裁判が決着していない事故・事件は多数あるし、筆者の見解が裁判の進行に悪影響を及ぼし、訴えられる可能性すらある（特に外国では）ことを考えると、好ましい選択肢と思われない。だから、民事裁判を含めて関係者が表舞台から消え、現時点で「クラシック」として客観的に捉えられる事例について、紹介しようと思う。

福井新聞 1966 年 2 月 5 日付 1 面
Ⓒ福井新聞社（共同通信配信）

捜索船上に引き揚げられた全日空機の尾翼部分

福井新聞1966年2月16日付11面　　Ⓒ福井新聞社（共同通信配信）

＜連続事故その1＞1966年2月4日

場所：羽田空港沖

機種：ボーイング727（3発ジェット機）

内容：千歳空港（札幌）から飛行し、羽田空港への着陸進入中に東京湾に墜落、乗客乗員計133名全員が死亡した（1機の事故では当時、世界最大）。

検証：飛行経路沿いの目撃者証言により、通常の飛行コースと比べて、早目の降下に入っていたことが証明された。目撃者の証言、機体の残骸調査、および模型機を使っての着水実験などから、事故機には事故発生よりかなり以前から、何らかの異常事態が起こりつつあったことを示す根拠が多数指摘された。しかしながら、決定的な証拠が発見できなかったため特定に至らず、結局、パイロット・ミスの色濃い原因不明と判断された。機長（死亡）の刑事責任が裁判で争われたが、仙台判決に照らして無罪の評決が出た。

また、ぼう大な実験から機体欠陥説を導き出した山名正夫委員は原因不明の結論に納得できず、最終報告書の発表前に調査団を辞任し、独自の事故調査報告書ともいうべき「最後の30秒」を発表した。

＜連続事故その2＞1966年3月4日

場所：羽田空港

機種：ダグラスDC8（4発ジェット機）

内容：国際線。濃霧の中、着陸進入の高度が低かったため、進入灯に車輪をぶつけ、滑走路に叩きつけられる形で大破炎上。乗員乗客計72名中64名が死亡した。

検証：音声分析により、機長が輝度を下げるよう要求したのは進入灯ではなく、滑走路灯であることを確認した。管制官の証言に基づく航跡と交信内容の照合により、アンダーシュート（低く入り過ぎること）事故であることが確定し、機長（死亡）の刑事責任が問われた。

＜連続事故その3＞1966年3月5日
場所：富士山麓
機種：ボーイング707（4発ジェット機）
内容：通常の航空路を外れて有視界飛行中の航空機が高度5000mで御殿場上空に差し掛かったとき、空中分解を起こして墜落、乗員乗客計124名全員が死亡した。
検証：墜落後の火災でフライトレコーダーは焼失。回収された乗客の持ち物の中に8mmカメラとフィルムがあった。現像して解析した結果、飛行コースと共に、機体を破壊した衝撃力の大きさが明らかとなり、富士山の風下に生ずる局地性乱気流が事故原因であると確定した。機長（死亡）が事前に乱気流の発生を予見できたか否か、刑事責任が裁判で争われたが断定できず、結局不起訴となった。

＜連続事故その4＞1966年8月26日
　日航の練習機の事故（パイロットは死亡）。筆者には調べが付かなかったので、ここでの検討からは除いておく。

＜連続事故その5＞1966年11月13日
場所：松山空港沖
機種：YS11（2発ターボプロップ＝ジェットエンジンを使ったプロペラ機）
内容：着陸進入の高度がやや高く、飛行機が短い滑走路の中央付近に接地したため着陸やり直しのため復航、旋回中に海上に墜落し、乗員乗客計50名全員が死亡した。
検証：プロペラの付け根にあるオペレーティングリンク（飛行状態に応じてプロペラの羽根の角度を変えるための装置）が旋回中に金属疲労で折れた可能性の強いことが、調査を担当した運輸省（当時）のN技官から指摘されたが、事故調査団は否定した。事故原因は不明と判断された。

◆9－3. 国際的に見た場合の日本の事故調査の特殊性と背景

刑事責任？裁判？
　9－2.に挙げた5つ（実質4つ）の事故の要約に眼を通して、諸兄諸姉は、どのような印象を持たれたであろうか？「刑事責任」や「裁判」の語がやたら目に付いたことに違和感を覚えた方も少なくないだろう、と筆者は考える。
　事故の真相究明のために裁判の形式を取る（審判という）こと自体は、国際的に見て、そんなに珍しいものではない。実際、日本でも海の事故（海難）の審判は、裁判形式で開かれている。しかし、上記の例で取り上げられた裁判は、これとは違う性格のものである。具体的には、事故

調査報告書を基に、刑事訴追の対象が当事者（オペレーター、企業、国の機関、など）に含まれると検察が判断した場合、対象者（被告）を起訴することにより開かれるものである。この場合、最終報告書の公開を待つ必要はなく、中間報告（書）で充分「シロ・クロ」の判断が可能であるならば、これを疎明（そめい）資料として、起訴できることになっている。

洋の東西を問わず、「偽証」は重罰とされる。しかしながら、真実を述べると他人に迷惑がかかると判断される場合には、証言を拒否する権利が被告や重要参考人には認められている。2018年3月、M学園問題の関係者として国会で証人喚問されたS氏やK氏が「刑事訴追の恐れがあるため、証言を控えさせていただきます」と発言し、流行語大賞の候補になったことを記憶している人は少なくないだろう。これは、「本当のことを言うと起訴されて刑事罰の対象になる可能性がある」という意味であることは、言うまでもない（委員会の議事録は疎明資料として利用できるから）。

事故調査のお国柄

米国では、交通機関の事故（自動車、鉄道、航空機、など）でテロが疑われる場合には、FBI（連邦警察）がまず出動して調査し、テロの可能性が消えた時点から選手交代してNTSB（国家交通安全委員会）が調査に当たる、というのが常道となっている。

一方、日本では、後藤田－岡田覚書の締結により、それまで慣習的に行われて来た、刑事訴追のための警察の捜査が優先する、という原則が成文化された。この結果、事故調査委員会が本格稼働できるのは、警察による証拠（物証と証言）収集が「起訴」するために充分と警察側で判断した時点以降で、かつ、証拠物件を警察から借りて調査を行う、という方式が確立し、現在に至っている。警察がさき、調査機関（政府）があと、という順序自体は、米国を含めた国際標準に則ったものではあるが、事故調査委員会の報告書（中間報告も含む）を基に刑事訴追の対象があるかどうか、検察が判断するという点は、日本独自の方式であると言える。

何故、日本では事故調査についての捉え方が外国とは決定的に異なるのだろうか？ブレインウォーミングを兼ねて、まずは、以下に示した典型的な「切り口」を取り上げた文章4つに、眼を通して欲しい。

文章その1

外国では、一般大衆は、先進国・開発途上国の別なく、自分たちの意志表明の手段の1つとしてデモを行うことが多い。最近の新型コロナウィルス（COVID－19）ワクチンに関しては、フランスで大規模なデモが行われ、SNSで世界中の耳目に触れたことは記憶に新しい。デモが起きた動機は、ワクチンを打つ打たないは個人の意思によるべき、という、いかにも民衆の手で自由を獲得した国らしいものであった。これに対して、日本では、安保闘争や大学紛争など、イデオロギー・ベースと見なせるデモが頻発した時期は、筆者の子供時代には確かに存在した。しかしながら、闘争・紛争の中心人物たちが繰り返し重罪を課されたことと、東西冷戦の終結によりイデオロギーを振りかざして対立する根拠が失われた（要はバカバカしくなった）結果、こうした大規模デモが行われることは稀となり、現在に至っている。

文章その２

　本章の冒頭で引用させていただいた柳田邦男氏が、その論説や著書の中でしばしば取り上げている例に、大火が起きた後の対応の仕方がある。英国のロンドンは、1666年の大火のあと、不燃都市建設へ舵を切った。理由としては、身分社会が都市構造と直結していたことが、大火が起きた背景の一つと判断されたことによる。これに対し、ほぼ同じ時期の日本の首都・江戸でも大火があった。1658年のいわゆる「振袖火事」である。この時江戸城の天守閣も延焼で失われ、再建されることはなかった。天守がなくなったことは、戦乱のない時代の到来を告げるシンボルであったものの、新しい江戸の町造りに当たって取られた政策はといえば、火元や放火犯の重罪化であった。要は、犯人（個人）を重く罰することにより「抑止力」を働かせる道を選んだのである。

文章その３

　最近（2021年）、旅客列車の車内で、「刃物男」の連続事件が起きたが、当人の自供から、小田急線→京王線（ハロウィーン）→地下鉄東西線の連鎖は「模倣犯」であることが確認された。引き続き起きた、新幹線放火未遂も、凶器が刃物でなかっただけで、これ又模倣犯であったことは当人が認めている。SNSが発達した時代であるから、ドイツの特急列車内の刃物男も模倣犯の可能性があるが、当地のニュースでは、人種的な背景が指摘されており、ここでの「考察」の仕方の違いは、先に述べた２つの切り口と共通していると思われる。

文章その４

　よく、日本人は集団で動くことが多いと言われるが、現代のそれは表面的な動きの同調圧力に起因するものであり、日本で起きる事件は思想的な背景で組織的に繋がっているケースは少ない。事故調査で背景を問う議論が比較的少ないのは、日本人が元来、背景に基いて動くことが少ない国民であることが恐らく影響している。刑事訴追が重視される根っ子も同じ所であろうし、事故調査から教訓・勧告を得て一般大衆に周知するよりも、個別に罰して罰したことを一般大衆に周知する方が、抑止力として効果がより大きかったという過去の幾多の経験が、このような空気を持続する下支えとなっていることは、疑いを容れない。

◆ 9－4. 日本の事故調査報告書の特徴（1）わけがわからないのは何故？

事故調査に臨む姿勢

　ここでもまず引用から始めたいと思います。今回は２点あります。

　事故は瞬時に起こってしまう。しかし、その瞬間の謎を解きほぐす作業は、長い年月を要する。「一日も早く原因を究明し・・・」という関係者の願いや努力にもかかわらず、歳月は容赦なく過ぎてしまう。（柳田邦男「続・マッハの恐怖」より）

　（事故経過の）急所のすべての部分がそろっているとは限らない。絵でいえば、断片に不足のものがあって、復元した絵に空白のできることがありうる。しかし周囲の関連によって、全体とし

て何が描かれているか、画家の意図がどこにあったかがわかれば、まず絵の全貌がわかったといえる。（山名正夫「最後の30秒」より）

恐竜の化石に例えてみると

　恐竜王国・福井にちなんで、例えば、恐竜の化石について思い浮かべていただきたい。発掘直後は、試料がどういう由来のもの（通常、断片）であるか、皆目見当がつかないことも多かろう。しかしながら、それが骨の破片に由来するものであることがひとたび判明すれば、幾多の「先例」と突き合わせることにより、どこの骨のどの部位に当たるかを突き止めるのは、最初ほどの難事ではなくなるだろう。更に、同じ骨の別の部位の化石が近くから発掘されるならば、これらの破片は元々一体のものだった蓋然性が高いと考えられることから、恐竜の種別や体躯の大きさまで、割り出すことが可能となってくるだろう。大事なことは、欠落している部分をどのようにして無理のない推論で支え、全体として見た場合の描像をどのように考察するか、に向けた「思い」である。

　事故調査で集まる物証や証言は、起きたことに由来するのは確かではあっても、所詮は断片に過ぎない。どれだけ集めて見ても、事故経過の急所（山名教授の言い方）が全て揃うことは稀であり、大事な部分に空白が残ることの方が多いだろう。それでも、いくつかの仮説を基に断片を配置して行くと、断片の集合体から「何か」が見えてくることの方が多い。但し、その正体をズバリ突き止めるための断片の出現は通常望み得ないから、残された「空白」については、他の事例との比較考証（復元を含む）や、部分的には再現実験なども行い、当初の仮説との間に矛盾が発生しないか、注意深く見守りながら、ときには仮説を修正・廃棄しながら進んで行くことになるだろう。

　発掘で得られた恐竜の化石を起点とする研究のゴールは、一頭の恐竜の、復元部分を含む、全身骨格標本ということになるが、事故調査についても、同じことが言える。一連の努力が成功と見なされるためには、完成品の「標本」だけでなく、途中の作業や考察の過程がきちんと把握でき、全体として見て無理がないと第三者が確認できることが必要不可欠となる。

何をどこまで明らかにするか？内外の比較

　事故調査を行う本来の目的は、事故という、言わば特異的な事例から普遍性のある背景をあぶり出し、報告書等を通じて今後に繋がる教訓・勧告を提示する点にある。しかしながら、日本のように、抑止力としての刑事訴追のもつ意義が重視される社会では、本来の目的を全うすることがしばしば困難になることもまた、確かである。

　外国では裁判を行うに当たり、まず、「何を、どこまで」明らかにするか、目的がきちんと定義される。司法取引をはじめ、この案件に対して関係者個人の追うべき刑罰を軽減する道が開かれているのは、何よりも、真実を明らかにするという大目的が優先されるからである。事故調査でもそうだが、証言を求められた際、偽証は重い罪となるから、宣誓して真実を申し述べることが尊ばれる。このようなプロセスの長期間にわたる積み重ねの結果として、「判決」から関係者の刑事訴追へと直行するケースは稀となっているのである。

　一方、日本にはそのように考える風土はそもそも無かったし、現代に至るもやはり無いから、事故調査報告書に細大洩らさず記載してしまったが最後、直ちに、あちこちに迷惑のかかること

が避けられない。もちろん、調査の開始時および進行中の段階では「悪いことをした」ターゲットとして注目されていなかった人や会社・組織であっても、（検察が）最終報告を読み抜いた結果、訴追の対象となり得ることが初めて判明すること自体は、洋の東西を問わず良く起こることである。しかしながら、日本の社会では、これを放置すれば「手ぬるい」と指摘されるため、言わば「外圧」に押される形での書類送検からの手続きが順繰りに進んでしまう確率が高く、外国での価値観に照らした場合の「被害者」の範囲が広がる懸念があるからである。軍隊（自衛隊や在日米軍）と言えども例外にはならない。

玉虫色？の解決

となると、主たる「ターゲット」として警察や検察が注目する人や会社・組織以外が「しょっ引かれる」ことがないよう、松本清張氏の言う所の「どこからみても文句がこないようにつくった官僚の作文」のテクニックをフルに活用して、事故報告書を取りまとめることになる。当然、具体的な名称や証拠が挙げられるのは、ストーリーの立証のために必要最小限な部分だけとなるから、本来、考察に用いられた（はずの）証拠さえも、一部ないし全部を記載しないことが起こり得る。

何故なら、日本では起訴された事件の99.9%（映画のタイトルにもなりましたね！）が裁判では有罪判決を受けるからである。もちろん、はなっから有罪にする見通しがない事件は立件すらされないので、分母には含まれない。書類送検されたが不起訴になった案件はどうかと言えば、これは、被疑者が若者（学生など）や有名人など、将来のことや社会的影響を配慮して取られた措置であり、大衆が見守る形での「執行猶予」であるから、実質的に、起訴→有罪の事例と言える。従って、疎明（そめい）資料（＝議事録なども含まれる）に基づき「犯人＝ホシ」が固まり、起訴が確実と判断できる局面に入った場合、事故調としても、キズに塩を塗るような真似は避けたいのが人情である以上、立件＝刑事訴追のストーリーの主幹からはずれた枝葉末節は、可能な限りカットされることになる。

羽田沖墜落事故（1966年）

例として、1966年のボーイング727型機の事故調査に関する山名教授の講演でのトピックの一つ、「第3エンジンの異常燃焼を外せ」を挙げてみよう。この事故では、フライトスポイラー（飛行中に使用するスピードブレーキ）を操作した際に、グランドスポイラー（着陸後に使用するスピードブレーキ）も一緒に作動してしまい、気流が機体尾部の右側の第3エンジンにうまく入らなくなってフレームアウトと燃焼異常を引き起こしたことが墜落の原因となった。実は、グランドスポイラーが全開してしまえば、それに気が付かない限り、墜落に向かうことが避けられないことが、山名教授による実験検討の結果明らかにされていた。要は、エンジンが正常に回転を続けていても、やはり墜落したであろう。だったら、「第3エンジンの異常燃焼を外せ」。言うまでもなく、エンジン自体に欠陥があったとは確認されていない以上、最終報告書に記載して、後日、エンジンメーカーに迷惑を掛ける必要はないではないか、というロジックによる決定と判断される。山名教授が委員を辞任したあと、今度は、スポイラーについての記載までもカットされたことは、記憶に止めて良いだろう。その結果、「機長が操縦桿を引き過度の機首上げで操縦した結果エンジンがフ

レームアウトした事実」のみが最終報告書に残ることとなり、パイロット・ミスの色彩が濃くなった結果、東京地検としても機長（死亡）の書類送検に踏み切らざるを得なくなったのだと考えられる。とんでもない誤判には違いないが、最終報告書しか判断の元として頼るものがなかった以上、止むを得なかったと言える（結局、不起訴となったが）。

成功した事故調査

前にも述べたように、事故調査が成功と見なされるためには、完成品の「標本」、即ち再構成された事故の経緯の全貌だけでなく、途中の作業や考察の過程がきちんと把握でき、全体として見て無理がないと第三者が確認できることが必要不可欠となる。もし、最終報告書に本来盛り込まれるべき情報や実験データが、何らかの事情でカットされたならば、第三者から見て、全体として見て無理がないと確認することが困難な箇所が出て来るであろう。とはいえ、事故調査に関わったメンバーが元気でいる間は、守秘義務の問題はあるにせよ、カットされた部分について差しさわりのない範囲についての教え（大袈裟に言うなら、生きた時代の記憶）を乞うことが可能であるから、問題が起きることは少ないが、そうした便宜は、時間とともに雲散霧消するであろう。すると、確認できないことからくる不満・不安を紛らせたい気持ちと、事故当時の墜落現場の映像から受ける疑問（何故こんな所で死ななければならなかったのか？助かる方法はなかったの？等々）が合体し、陰謀論が抬頭する流れが生まれてくることになる。この問題については本書の第12章で詳しく取り上げることとしたい。

◆ 9－5. 日本の事故調査報告書の特徴（2）証言はなぜ軽視されるのか？

物証と証言

ものごとには、人的要因とシステム的要因の2つの切り口がある。昔起こった事故であっても、この2つの切り口の接点のほころびとして捉えることができる事例ならば、現在でも参照する価値ありと考えて差し支えない。この考え方は、フェミニズムの抬頭以前には、「マン（人）・マシン（機械）・インターフェイス（界面）」と呼び習わされていた。この用語は社会的に使いにくくなったが、代わるべき良い言葉は生まれていないので、読者の諸兄諸姉の創意工夫に期待したいと思う。いわゆる「ポリコレ」には注意して取り掛からないといけないが。

信憑（しんぴょう）性について

物証や証言は、たくさんの「なぜ」を積み重ねてどういう「絵」であるかを再構成するために、不可欠のものである。積み重ねを行うに当たっては、一つ一つの物証や証言の信憑性、即ち、後の考察に耐え得るものであるのかどうか、具体的に検証することが不可欠である。そうはいっても、物証も証言も、事件・事故の発生から収集までの時日の経過に従い、どちらも信憑性が低下してくるという問題点がある。物証は、金属片のようなものだと、空気酸化やそれ自体のもろさによってさびたり崩れたりして、証拠としての資格がゆらぐ。かたや証言はと言えば、人間が忘却の動物であり、かつ、事後に遭遇した情報に影響を受け易い以上、最初から不確かさを含むことを覚悟の上で、取り扱う必要があることになる。だから、どちらの場合も、事故発生後、出来るだけ

早期に収集するのが「定石」とされているのである。

　前にも述べたように、事故に至ったストーリーを再構成する作業は、物証や証言の信憑性を具体的に問い詰めつつ、試行錯誤を経ながら進行するものである。事故は特異的な事例であり、後から見つかったものごとを後付けの理屈で処理するしかない以上、全てがきれいに一本の線に繋がるようなことは滅多にない。「対立仮説」を提唱するメンバーを「論理的に」完全に納得させるのは多くの場合困難であるから、「絵」の空白を無理にならない程度にとりあえず埋め、検討を先に進めようとする段階ごとに、物証や証言の考察・見直しを行うことになる。即ち、検証を行う側の立ち位置は、少しずつではあるが変化して行くことになる。となると、物証や証言の、自分が立てた仮説にとっての価値は、事故調査の最初期とはかけ離れたものになって行く可能性が大きいと言える。

　もちろん、最初期に証言を取るのは事故調査に当たっては不可欠の事柄であるが、それは、ストーリーが固まりつつある時点よりだいぶ前であることが多い。だから、最終報告書が出された後、長い時日を経てから、第三者が改めて「振り返り」を行う段になると、「立ち位置」の隔絶の度合いは絶大であろう。すると証言（通常、複数）がそもそも、報告書の上で最後まで残された仮説（通常、複数）のストーリーを証明しようとする立ち位置から行われたものではなかった（結果論）ため、真相は一つのはずなのに、証言の真意について、（後日の）第三者の立ち位置の違いにより、多種多様な解釈が生じることとなる。これは往々にして、陰謀論を惹起（じゃっき）することへと繋がる。証言はもともとアテにならないものだ、という「常識」がまかり通る伏線も、このあたりにあると考えられよう。

　もちろん、証言が決定的な役割を果たした航空事故も数多い。9－2．で取り上げた、1966年の連続航空事故に関して言えば、事故機が、＜その1＞では通常の飛行コースより早目の降下に入っていたこと、＜その3＞では空中分解の過程を、また、＜その5＞では、着陸復航から海上に墜落する飛行経路を、目撃者証言から明らかにすることができており、いずれも国際的に高い評価を受けている。但し、これらの事故では、原因として機長の判断の可否が問われるような「仮説」が早くから打ち出されており、ストーリーの再構成が進捗していたことだけは、指摘しておきたい。

◆ 9－6．1971年の連続航空事故における目撃者証言の軽視

第2の原点

　1971年、筆者は中学2年生であった。死亡事故は2件で、先に取り上げた1966年の5件に比べて少なかったとはいえ、筆者は、柳田邦男氏の論説「羽田沖133人墜落死の新事実」以来、事故と調査についての興味を持ち続けていた人間として、「続・マッハの恐怖」が出版される以前から、目撃者証言の取り扱いに不審を感じたことだけは、はっきり記憶に残っている。9－2．と同じ様式で2つの事故を紹介した上で、若干のコメントを述べておきたい。

福井新聞1971年7月4日付1面　　Ⓒ福井新聞社（共同通信配信）

＜連続事故そのＡ＞1971年7月3日

場所：横津岳（函館近郊）

機種：YS11（2発ターボプロップ機）

内容：雲中飛行していた札幌（丘珠）発函館行きの飛行機が、函館NDB（無線標識、中波）到達の位置通報を行った直後、行方不明となり、翌日、函館の北方にある横津岳の南西斜面に激突しているのが発見された。乗員乗客計68名全員が死亡。

検証：事故調は、ADF（Automatic Direction Finder＝自動方向探知機）の針がNDB（Non-Directional Base＝無指向性無線標識）を通過したような振れ方（くるりと反転する）をしたため、パイロットが位置を誤認し、空港の遥か手前で旋回した結果山に衝突した、

という仮説を採択した。一方、飛行機は函館上空まで進入していたが、山の方向に向かった理由は不明、とする対立仮説が出されており、それは、自衛隊レーダーのデータと、函館市内の目撃者証言を根拠としていた。目撃証言は多数あり、時刻の裏付けのある証言だけでも相当数あったのだが、事故調はこれを認めず、証言者たちが目撃したのは１時間後の同型機（別の航空会社）だったと判断した。

飛行機は何故迷子にならないのか？

飛行機の窓から外を観ると、空間が無限に広く感じられると同時に、飛行機自身はすごく小さく感じられるものである。よくぞこれで間違いなく目的地に行けるものだ、と感嘆する向きもあるだろう。それは、＜連続事故そのA＞でも触れられている、電波標識と方向探知機のお蔭である。

地上のあちこちに無線標識局が設置され、そこから決まった周波数の電波が休みなく発射されている。使用される電波は、ラジオと同じくAMとFMである。目的地までの距離を精密に測定するためにはFMの方が優れているが、通常の運行で最も必要とされるのは、正しい位置を通過しているかどうかのチェックであり、そのために頻繁に用いられるのはAMを使ったシステム（ADFとNDB）である。

まず、ADFの捉えるべき無線標識局の周波数を探知機に設定した上で、電波をキャッチしながらまっすぐ飛んで行くと、ADFの探針は12時の方向を指した状態が続く。これは、飛行機が局のアンテナより手前にいることを表わす。しばらくして、標識上空に達すると、探針がくるりと反転し、そこから先は、6時の方向を指した状態が続く。これは、飛行機が局のアンテナの上空を通り越したことを表わす。即ち、方向探知機の探針の反転により、特定の地点の通過を確認できることになる。

日本全国の空は、電波標識網でカバーされている。必要とあらば、ラジオ局のAM電波を利用して確認することもできるから、通常、パイロットが飛行機の位置を見失うことは、まずあり得ない。行方不明となった事例では、最初からとんでもない所を飛行していることが多い（図34）。

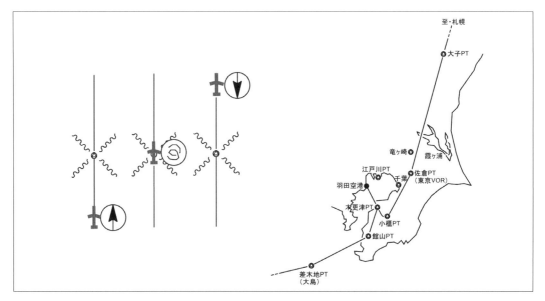

図34　電波標識

＜連続事故そのB＞1971年7月30日

場所：雫石上空（岩手県）

機種：ボーイング727型機（3発ジェット機）

内容：札幌発羽田行きで巡航中だった旅客機のT字型水平尾翼と、教官の指導下で訓練中だった自衛隊戦闘機の主翼が接触した。自衛隊機のパイロットはパラシュートで脱出したものの、旅客機は操縦の自由を失い急降下の後、音速に達し空中分解して墜落し、乗員乗客計162名が死亡。

検証：自衛隊機が訓練空域を逸脱してジェットルートに入り込んだことが原因とされ裁判となり、教官は有罪、学生は無罪となった。旅客機側の過失は問われなかった。しかしながら、調書から、空中衝突の瞬間の目撃者が複数あることが分かり、民間団体が現地で再検証した所、空中衝突地点がジェットルート上ではなく、自衛隊の通常の訓練空域内であった可能性の強いことが確認された。旅客機の航路逸脱が原因であった可能性が浮上したわけであるが、事故調は証言の信憑性を否定した。

証言はアテにならない？

　1971年の連続事故は、航路をはずれた山への墜落と、空中衝突であった。従って、事故の原因の究明に当たって急務となるのは、事故機の飛行コースを確定することであり、そのためには目撃証言が事故原因を解明するための「鍵」を握っていたはずである。しかしながら、いずれの場合でも、最終報告書の作成に当たっては、目撃証言は証拠としては全く採用されていない。この2件の場合、機長の判断ミスを問うような仮説は強く出されていなかった（と思う）ので、目撃証言だけでパイロットを「訴追」に追い込むこと自体に、ためらいがあったのではないだろうか？すべての法律の上位規則に当たる日本国憲法の中では、「自白が唯一の証拠」となる場合には、それだけを根拠として罪を問うてはいけない旨、明記されていることでもあるし。

　このように、後から見つかったものごとを後付けの理屈で処理するしかない、という事故調査の特性に付随するある種の「もどかしさ」は、1971年の航空事故2件に止まるものではない。今日に至るいろいろな場面で常時、発生し続けてきていることは、諸兄諸姉にもお認め頂けよう。

◆ 9 − 7. 1985年の日本航空123便の墜落事故における目撃者証言の取り扱いの難しさの例

福井新聞1985年8月13日付1面　　Ⓒ福井新聞社（共同通信配信）

123便と文集の話

　ここで有名な例として、1985年の日航123便の事故当日、何を見聞きしたか、群馬県のある小中学校の生徒さんたちが書いた文集について取り上げてみたい。文集には、「大きい飛行機と小さい飛行機が追っかけっこしていた」旨の記述が、多くの箇所で登場する。現時点という立ち位置から、これをどう判断するのが正しいのか？

　子供さんはウソをつかないという立場を取るのか、それとも、子供さんだから特有の想像力を働かせている（＝別々の日時に発生した事象を1つのストーリーに組み立ててしまっている）と

いう立場を取るのか、によって、結論が異なるのは見易い。また、陰謀説を支持する論者がこの記述の意味を「日航機を戦闘機が追尾」と取るのに対し、内部破壊説（要は後部圧力隔壁の破壊が事故原因とする説のこと）を支持する論者はこの記述の意味を「救援に飛来した米軍輸送機（大型機）と戦闘機（小型機）」と取っていることが、多くの情報源から明らかに分かる。本来、一つの真理しかないはずの事象に対する「大違い」の２通りの解釈に、「折り合い」を付けるなり相手を「論破」することなど、果たして可能なのだろうか？

かんたんな言葉

　読者の中には、写真記録を見れば、という方もおられるだろう。しかしながら、誰でもどこでも気軽にスマホで写真が撮れる現在とは異なり、誰もがカメラを持ち歩いていた時代ではなかったこと、夕方の薄暮時の出来事であったこともあって、123便の機影をとらえた写真は、奥多摩郡日原の山崎啓一さんが撮影したものが唯一のまま、現在に至っており、御巣鷹山界隈で撮られ、機影をとらえた写真は１点も知られていないことを指摘しておきたい。墜落事故直前をとらえた証言である以上、重要性は否定できないものの、「大きい飛行機」「小さい飛行機」がかんたんな言葉である以上、これらが具体的に何であったかを、客観性をもって今から突き詰め、一つの結論に到達することは、筆者にはとても可能とは思えない。

　文集を編纂するために先生たちから子供たちに作文が依頼されたのは、事故からひと月余り経ってからのことであった。確かに、極めて大きな衝撃を受けた以上、印象がいまだ鮮明な時期であることに異を唱える気はないが、細かい部分についてはどうだろうか？ひと月経てば、人間の記憶は、脳内では短期記憶の領域から長期記憶の領域にコピーされているはずである。その際、どうしても記憶の「総量」は縮小される訳だが、縮小の過程で消えた残りが合成され、あとから振り返った際の「記憶」として扱われる、という見解には説得力がある。ひと月あれば、後付けで「合成」された内容が、作文として書かれていてもおかしくはない。

　関連して、映画やドラマで、「説明的な描写」や「幻のエンディング」が封切りの時はあった、という話題がしばしば登場する。新型コロナウィルス禍の時期、インタビューの代わりに行われたYouTubeやAmazonサイトへの書き込みを見ると、劇場用映画として、「カプリコン・ワン」(1978年)や「千と千尋の神隠し」(2001年)を始めとするヒット作が挙げられているが、返信として、「確認できなかった」という声もまた多い点には注意を要する。これなども、短期記憶→長期記憶のセオリーから、説明可能なのではないか、と筆者などは考えてしまう。

根本的な疑問

　閑話休題、そもそも、今でこそネット上で読めるようになったとはいえ、ここで紹介した文集が、出版等により一般に流布してきていないのは、日本国民の関心を考えると納得できない。当時、文集に載った文章を書いてくれた子供たちは、現在では、働き盛りの年代になっているし、社会的に見て重きを置かれている方々も少なくないと思うのだが。

　ともあれ、書いた本人たちからの意見の表出が、後日、行われた気配が全く見当たらない、という不思議な事実は、幾多の有識者から指摘されている。このままだと、この文集の信憑性そのものに疑念が生じることは避けられないだろう。「陰謀論」のお好きな方たちは、「それは緘口令

が敷かれているからだ」とおっしゃるかも知れないが・・・

　機影というのは思ったより小さい。ステラナビゲーター（天体観測で頻用されるソフト）を用いて、背景の空の色を修正して、事故当日の夜に入った時点での明るさで考えると、恐らく胴体や翼に付いているライトしか見えないと思われるし、距離感も昼間の明るい時間帯に比べて不確かであるから、飛行機の大小すら判断するのは難しいのではなかろうか？もちろん、エンジンの爆音はジェット機なら相当大きいから、報告者には聞こえているはずだが、「目撃者」として機影を目視できているかどうか、怪しい気がする。

柳田邦男氏、再び

　柳田邦男氏の「続・マッハの恐怖」で考察されている「ばんだい号」事故で、飛行姿勢をスケッチで示して目撃者に問う場面があるが、いかに低高度を飛んでいたにしても、挿絵に描かれたほど大きくは見えないと思う。長時間にわたって事故機の飛行をアパートの窓から見ていた人の証言に基づく絵に、「機影」として描かれていないのが真実に近いのではないか？この事故の場合、市街地を低空飛行していたのは、雨もよいの天気だったとはいえ、まだ日没前で明るかったから、高度の判断にはそれなりの信頼性があると認めて良いと思われるが。

　何か、まだるっこしいと思われた読者も多いのではなかろうか？しかし、証言する側も集める側も、不確かさが伴う以上、後付けで議論の俎上に乗せるためには、信憑性を具体的に問い詰めることは、必要不可欠だと思います。

◆ 9 - 8. 日本の事故調査報告書の特徴（3）再調査を阻む壁

123便事故と再調査

　日航ジャンボ機墜落事故（1985年8月12日）の発生直後、機体尾部から外れて落下した破片には、相模湾の海底に沈んだままの部分がかなりある。一機の事故としては今もなお、世界最大数の犠牲者（520名、重症4名）を出した死亡事故ということもあり、事故後に生まれた世代を含め、日本国内では高い関心が続いている。特に「命日」の8月12日が近づくと、この事故に関係した「特番」が組まれることが多く、事故当時から格段に進歩した探査技術により撮影された、海底の残骸が特集されることもしばしばある。こうした特番で、有識者からは、発表された「事故原因には疑問があるので、再調査を希望する」という発言がしばしば出される。自動車や鉄道でもそうだが、事故発生の直前か直後に、「ボディ」から脱落した部品や破片が、事故の真相解明に重要な役割を果たしていることは、一般論だけでなく、事実よく起きていることなので、このことに言及する方も少なくないのだが、いざ、管轄する政府の部局に要望を出したり、法的措置をとる形で裁判所を通じて申し立てをしたりしても、事実上門前払いであり、これまで再調査が行われたことはない。理由は「最終報告書で全てが尽くされているから」、この一言で一貫している。

国際的には

　ICAO（日本も加盟している）には、新たな証拠等が発見された場合には、事故を再調査すべき、とする規定があるにも拘わらず、日本では疑問があっても再調査は行わないことが事実上の「判

例」となっているのは何故だろうか？理由は、一事不再理の原則ではないかと考えられる。再調査の結果、事故調査報告書が修正された場合、「書類送検」や「有罪」の元となった証拠が改変、消滅する可能性があるが、たとえそうなっても、先に受けた刑事罰を取り消すことができないよう、日本の法体系は構成されているからである。太平洋戦争後の混乱期や、捜査方法や科学的手法が不充分・不完全だった場合に起きた、「冤（えん）罪」と目される事件は多々あるが、再審に持ち込まれた割合が極めて微々たるものであることからも、状況の一端は伺い知れよう。外国では、事故報告書に基づいて即、刑事訴追されることはないので、報告書の内容変更によって行われる裁判は、名誉回復のための民事裁判となる。だから再調査へのハードルが低くなるのだ。新型コロナウィルス禍下での「マスク」に関わるカルチャーに限らず、日本国内外で取られる措置の違いには大変なものがある。

◆9－9.小括

　最後にもう一つ引用しておきます。

　ジェット旅客機は、人類の英知が生み出した最新の技術と最高の安全装置を装備していると信じられている。しかし、複雑な電子装置に埋め尽くされたこの操縦室の中には、機械と人間の調和を崩す危険な何物かがまだ隠されているに違いない。それこそが、突き止められるべき真の原因と言えよう。(明日への記録　空白の110秒)

　真の原因に迫っていないその場しのぎの対策や耳ざわりの良い勧告をいくら積み重ねても、傷口にバンデージを貼るくらいの効果しかない。時間が経つと表に現れた形は違っていても、「事例分析」の見地からすると、酷似した事故が「再発」することはまず間違いないからだ。上記の番組について更に言うならば、本放送（1973年）から50年以上経過しているが、その間、柳田邦男氏がシナリオに書かれた疑問は少しでも解明に近づき得たのかどうか、お寒い限りである。どのような意見であってもその良い所をとりあえず考えるという姿勢の醸成。シンプルではあっても、それしか真の安全基準に近づく道はないように、筆者には思われてならない。

10　技術者にとって身近かつ重要な概念をいくつか

◆ 10 − 1. 緒言

　本書の冒頭「はじめに」で述べたことを思い出して欲しい。
　「技術者倫理」関係科目の教科書で、間違いなく共通項として取り上げられる項目には、技術者（士）の行動規範・自律・知的財産との関わり、などがあると書いたが、進んで取り上げることを、ここまで避けてきた。「体験していないこと」に想像力を働かせて「中心的課題」として取り扱い、展開することの困難さを理由として、挙げさせてもらった。
　しかしながら、事例分析のいくつかを、技術者（士）に取って重要な概念に先立って取り上げることにより、近似的に「実体験」を増やして頂いた以上、ある程度の「耐性」は付けてもらえたのではないかと、筆者としては判断している。そこで本章では、いくつかの重要な概念について、間違いのない所を手短かに取り上げ、紹介することにしたい。より詳細な点については、本書の末尾に掲げた参考文献を見て欲しい。

◆ 10 − 2. 知的財産と知的財産権

知名度は高いが

　知的財産と知的財産権。この2つの語句は、世間一般で一番良く耳にする概念であると同時に、使い方が極めて混乱していることもまた確かである。そこで、まずはここから入って行くことにしよう。
　第5章で、「自由人」や「合理的思考」の発端が、共同体の中で良いアイディアを出した人にご褒美として、肉体的労働からの解放を与える習慣ではないか、と述べた。共同体が狭い範囲で、成員も少数の間は、「良いアイディア」を誰が出したかは、それこそ自明のことだろう。しかし、共同体が地域的に広がり、それに伴って構成員が増加してくると、元々のアイディアを出したので「ない誰か」が、それは実は私が、と言い出す可能性が否定できなくなってくる。これは、「現世的な利益」が付いてくる案件では常時起きる問題である。そうなると、性善説に基づく倫理的コントロールだけでは充分とは言えない。違反者には罰則を課すことができるよう、法律に基づいて原初のアイディアを出した本人を保護しなくてはならない。
　近代社会は、個人を軽視するわけではないが、公共の利益を重視する時間空間である。「良いアイディア」を出した本人が報われるのは良いとしても、その他大勢が、便益以上に搾取（さくしゅ）されるとなると、本末転倒であろう。そこで、このような事態を回避するために自然発生し、体系化・法定化された概念が、「独占禁止（法）」であり、「良いアイディア」を独占・寡占することを原則的に禁止することで、搾取が無法に広がることを防止している。
　そうは言っても、「飛びっきり良い」アイディアを出した本人は報われないと、アイディアを練る熱意が薄れる心配があるだろう。そこで例外的に「独占」を認めるのが、知的財産に関係した事物である。とは言え、あれもこれも無闇に認める訳にはいかないので、法律に基づく保護を受けられる事物には、厳しく制限が設けられているのである。

学生実験（実技）を行うのは何故か

　事物の身近な例として、学生実験（実技）の報告書を取り上げ、法律に基づく保護がどの程度及ぶものであるかを検討してみたい。

　工学部や工学研究科では、座学（講義）で教わった知識を直接的に裏打ちするばかりでなく、未経験の事柄に対する想像力の働きを伸ばす目的から、分野の違いに関係なく、知的訓練としての実験を行う。知的訓練の成果は、実験事実の報告とそれに対する考察から成っているが、内容の濃さと結果のポジティブ性の大小に基づき、異なった呼び名を与えられることが普通である。大学の教科として行われる場合にどうなるか、順番に見て行こう。

実況報告

　これは文字通り、「何を」、「どのように」行い、「どうなった」かについて、率直に記録したもの全てを指す。何を目的とした報告書であっても、この「三点セット」は必ず付いて来る。但し、実況報告の場合、背景や、それに基づいて得られた結果に考察を加えることは、必ずしも義務付けられてはいない。

レポート

　実験の「背景」を実施責任者から提示された上で、何を、どのように行い、どうなったかについて正確に記した上で、「背景」に基づいて考察を行う、という一連の過程を含むものが、実験を行った後に提出を求められるレポートの基本的骨格である。実験レポートが、学位論文を始めとする研究レポート（以下で取り上げる）と異なる最大のポイントは、実施責任者が予め自らその実験項目を実施し、結果がどのようになるかを確認している点にある。従って、一般の実験レポートでは、結果に「新奇性」を要求されることはまず無いと言って良い。

卒業論文

　実況報告と（実験）レポートは、単一の実験（実技）に関するものであった。これに対し、卒論を始めとするいわゆる「学位論文」では、設定された「テーマ」に基づく複数の実験に関し、多数の実施例を正確に記録した上で、「テーマ」の背景に遡（さかのぼ）る形で結果を考察する、という点が異なる。但し、学位論文のいわば入口となる卒業論文（卒論）では、「研究をやって見ました」を客観的に示せれば通常は充分であり、実況報告を束ねたようなもの（考察が乏しい）であっても合格の判定が与えられるのが普通である。

修士論文

　論文の構成自体は、先に述べた卒業論文と何ら変わるものではない。違うのは、内容が卒業論文より高度化して、「研究をやりました／結果はこのようになりました」に変化する点にある。結果が「こうだ」と言い切るためには、実験は必ずしも1回だけではなく、確認の実験を必要に応じて行い、その行為の集積に基づいて判断を下す必要がある。即ち、技術者・研究者として持つべき skill と knowledge がある程度まで備わっていることを、客観的に示せれば、合格の判定が与えられるのが普通である。もちろん、ポジティブな結果が多い方が好ましいが、実施例がことごと

く「失敗」であったとしても、それだけで不合格にはされない。技術者・研究者としての「特性」を持ち得たかどうかが、修士という学位の鍵となる部分だからである。

博士論文

内容は修士論文から更に高度化して、「研究をやりました／極めて有益な結果が得られました」に変化する。理由は、一人の研究者として活動を開始して良いかどうかを、博士論文を通じて判定する必要があるからだ。但し、ネガティブな結果も取り上げつつ考察を進めること自体は、修士論文から変化していない。

卒業論文・修士論文・博士論文に共通しているのは、ポジティブな結果のみならず、ネガティブな情報をも含んでいる点にある。

学術論文

学校・会社などの組織の外部に向けて発表する論文も、何を、どのように行い、どうなったかについて正確に記した上で、背景に基づいて考察を行う、という点ではこれまで挙げてきた報告と変わらないが、盛り込まれる実験結果は、原則、ポジティブなもので固めてある点が異なる。ポジティブ性を積極的に主張できる場合に初めて、類似した結果や議論を別の著者が発表することを阻止できることが、昔から経験的に分かっているからであろう。

境界線はどこに？

先に述べたように、知的財産を保護しようとする考え方は、独占禁止法の例外である以上、厳密さが要求される。何であれ、当人以外は不自由さを強制されることになるからだ。そこで、通常、特許における「（工業化の）独占実施権」のあり方に従い、「プラスの部分」のみが保護の対象とされることになっている。既知で汎用性のある反応が、ある会社に「保護」されてしまうと、他の会社は使用権料（ロイヤリティー）を支払わなければならなくなる、という事態を未然に防止するためには、このような制限を掛けることが是非とも必要になってくることは、お分かりいただけると思う。

このことに照らし合わせてみると、先に列挙した数々の報告書のうち、実況報告とレポートは新奇性が含まれることが稀なのでアウトだし、卒業論文と修士論文にはネガティブな結果が少なからず含まれるので、論文全体として「保護」を受ける資格を欠く。博士論文にしても、多少はネガティブな結果が含まれることは同じだから、卒論・修論と五十歩百歩であることがわかるだろう。最後の学術論文だけが、もうお分かりと思うが、プラスの部分のみ、という条件をクリアするので、法律による保護の対象となる（著作権）。

特許のベースとなる学位論文は、執筆するだけではなく、公聴会（発表と審査）と学会等での発表が、学位授与の必須条件となっている。従って、学位に付随するマストの発表だけは、特許公開の30（〜90、案件の性質による）日前に行っても、公知の事実（それがあると特許になり得ない！）とはしないことが認められている。但し、学位論文自体がそうであるように、公聴会も学会発表も、法律の保護を直接受けることが出来ない。そこで、「発表会」の出席者には、特許の公開まで守秘義務を持つことを了解する文書（紙媒体とか等価のオンライン文書でも可）への署名

を義務付け、抑止力を働かせるのが「定石」とされているのである。

　まとめると、知的財産権は、広い意味の「知的資産」一般のうちで、特許権・実用新案権・著作権など、priorityの高い事物について、申請者以外が「タダ」で同じことを実施することを法的に禁止し、違反者には罰則を科す、という形で保護された権利ということになる。他人に優先して実施する権利だから、本当に即時実施できるものでないとダメ、というのは当然のことであろう。これが、「プラス」「ポジティブ」な部分の意味する所である。知的財産はというと、知的財産権で保護し得る部分に加え、ブランド・企業機密・ノウハウ等の部分を含んだ総体を指すことになる。一般に「知的財産」と言うとネガティブな部分も含むが、法律で保護できるのは、ポジティブな部分に限られる（独占禁止法の例外として例外的に認められているため）。

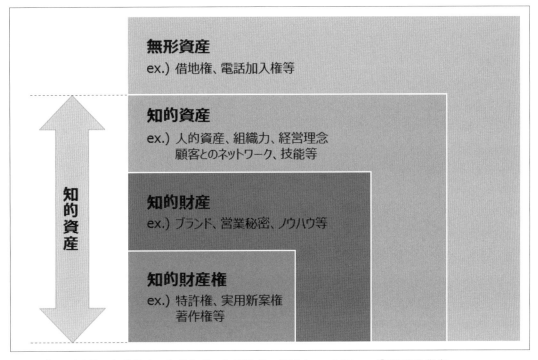

図35　知的財産権、知的財産、知的資産、無形資産の分類イメージ図　　Ⓒ経済産業省

知的財産権の実例

　具体的にどのようなものが保護の対象となるかを、列挙しておこう。

＜特許＞　届け出先＝特許庁
目的：発明（高度な技術的アイデア）の保護　「物」「方法」「物の生産方法」
効力：20年（医薬品などは25年まで延長申請可）

＜実用新案＞　届け出先＝特許庁
目的：発明の保護（特許ほど大規模でないもの）
効力：10年

＜意匠＞　届け出先＝特許庁
目的：デザイン（物、建築、商標）の保護
効力：25年（2020年3月31日までは20年だった）

＜商標＞　届け出先＝特許庁
目的：文字やマーク（商品やサービスの担い手の表示）の保護
効力：10年（10年ごとに更新可）

＜著作権＞
目的：創作物（文芸、学術、美術、音楽、情報）の保護
効力：創作時から著者の死後70年まで

＜育成者権＞　届け出先＝農林水産省知的財産課
目的：新品種（植物）の保護
効力：25年（樹木は30年）

＜地理的表示法＞
目的：産品（生産地と結びついた特性を示す商品）の名称
効力：期限なし

＜回路配置利用権＞
目的：半導体チップ
効力：10年

　これ以外にも、知的財産権相当と見なされるものも挙げておこう。

＜商号＞　商店名、会社名など

＜標準化＞　ISOなど
　　　　　　福井大学はISO14001を取得済み

◆ 10－3. 知的財産（知財）以外で重要な概念について

行動規範・技術者の自律・ヒューマンエラー・公益通報
　10－2.で述べた以外にも重要な概念はあるが、筆者はこの分野の専門家ではないので、簡単にまとめたものを紹介するに留めたい。詳しく知りたい方は、本書末尾の参考文献に掲げた、他の技術者倫理関係の成書を参照されたい。

行動規範

　大学も法人（企業体）である以上、無視できない概念である。これは、企業が企業として存在し、継続的な運営を行うことに対して適用される法律や基準、および、法的リスクへの対応を含む幅広い概念の総称である。企業が、近年増加傾向にある、グローバル的な活動を行う際には、当然ながら、国際基準の順守も、行動規範に盛り込んでおく必要がある。

　行動規範には、基本原則と呼ばれる4つの概念がある。以下列挙すると：

(1) **人権**（世界人権宣言に基く）：人権の保護、人権侵害への加担の禁止を行う
(2) **労働**（ILOの原則に沿った）：結社の自由の保護、強制労働・児童労働・差別の廃止
(3) **環境**：生態系を守る責任ある行動を行い環境に優しい技術を推進する活動
(4) **反汚職**：恐喝や贈収賄を含めたあらゆる汚職を防止する活動

　各企業体は、これら4本の柱に基づいて、自らの行動規範を策定することになる。
　行動規範の順守に一番大事なことは、自他の自覚を促すため、繰り返し発信する行為である。

技術者の自律

　事故（事件）を未然に防ぐか、起きても被害を最小限に食い止める装置としての法律は重要であるが、これは、何らかの事故（事件）が起き、調査から教訓を導出する過程を経た上で、制定されるものである。従って、ごく近未来に発生する事象への備えとはなり得ない。乗船者全員分の救命ボートを搭載することが義務付けられたのは、タイタニック号沈没事故の後であったことを忘れてはならない。

　それでは、技術者としては、どのように意識を持ち、行動すれば良いのだろうか？事象をシステムとして捉えるならば、色々な切り口があるだろう、それに注意を向けるのだ。その際に、これはおかしい、何とかしなければ、という、技術者個人個人の倫理観に基づく「職業上のカン」が働けば、法的規制が不充分な場合の抑止力として機能する可能性は大いにあるだろう。

　こうした姿勢に立ちはだかるものとして、技術者が所属する組織の論理を挙げることができる。ひと風変わればコトが起きそうな局面である、と仲間のだれかが声を上げた際には、常日頃は縛られている（しかし安定化装置でもある！）組織の論理は一時棚上げし、ディベートの精神を持ち、相手の発言に耳を傾け、現実を良く見極めた上でことに当たるのが、技術者の自律である。

ヒューマンエラー

　本書で取り上げた「事例」分析の中でもしばしば触れられている概念である。人間と機械やシステムの関係（かつてマン・マシン・インターフェイスと呼ばれたもの）の中で、機械側ではなく人間側のエラーに焦点を当てて議論する場合に用いられる。設備・機械の操作や列車・飛行機・船などの操縦で、不本意な結果（事故・災害）の発生の防止に失敗した場合のみならず、不本意な結果を起こしかねない行為も該当する。いわゆる人災。安全工学や人間工学の分野では、故意・過失を指す。

　飛行機の離着陸のように、多くの作業が集中する際に、業務に支障を来たさない範囲で基本的

な確認・操作を省略することは良くある。散発的なものなら特に問題ないのだが、それが積み重なると、「大丈夫だ」という、根拠のない確信・思い込みが生じる。技術の世界では、合理的に証明されない限り、安全ではない。確認・操作を怠り続ければ、そもそも安全ではなかったのだから、必ず破られる時が来ることは、幾多の事例が示す通りである。小事故で食い止められれば良いが、大事故に至ることもある。

　ヒューマンエラーは、経験量の多寡で抑止できる、ものではない。ベテラン技術者でも、グループワーク（複数の眼で見張っている）でも、起こり得るものである。ペーパーテスト等であれば、「飛行機の着陸で一番大事なことは？」の質問に対し、100％、「脚を出すこと」と答えるに違いない。しかし、実際の操縦ではどうか？かなりの割合で「脚を出すこと」を失念しているように聞いているが・・・

公益通報

　日本国内に限らず、企業の不祥事は世界中でたびたび報道される。不祥事が、内部の人間による「通報」がもとで発覚した事例は少なくない。このような、いわゆる「内部告発」は、社会の中で不正や被害が拡大しないよう、食い止めるために必要不可欠のものであるから、進んで保護される必要がある。日本では、「公益通報者保護法」が制定されている。

公益通報の定義： 労働者が不正の目的でなく、その労務提供先又はその役員・従業員等について一定の法律違反行為が生じ、または正に生じようとしていることを、その労務提供先や行政機関、外部機関に対して通報すること

◆ 10－4. まとめ

　技術者が身につけるべき概念は、法律に裏打ちされた罰則・抑止力を伴うものが少なくない。実験が思い通りに行った・行かないの世界とはかなりかけ離れており、イメージが湧かないかも知れない。しかし、数多い国家資格の要件（従って試験も）には、必ず法規の運用に関する項目が含まれている。ルールががっちりと決まっており、当事者の裁量の幅がごく狭いのは、何よりも、判定のあいまいさを避けるためであるが、誤解が入らないように物事を説明するのが、如何に難事であるかを示すものでもあるだろう。

　特許申請で内容に化学物質が含まれる場合、有機化学・生化学命名法という「法律」（IUPACは「勧告」と呼ぶ）が最重用視される理由も自ずから明らかになるだろう。ある有機化合物が既知か未知かで、申請者が期待できる利益には大差が生じる訳であるから。物質をどのような形で利用（合成、反応、薬理、など）してもロイヤリティー（使用権料）の対象と成し得る「物質特許」が、未知物質に対してのみ取得できることは見易いであろう。

11 おはなし事例分析（5）オペレーターが刑事訴追される時（CとA）の検討

◆ 11 − 1. 緒言

　本書ではここまで、様々な事例を取り上げて、技術者という職種は、技術を伴う色々なプロジェクトにおいて、いろいろな局面に直接間接に関与することが可能であることを紹介して来た。青雲の志に燃えている青年（古い！）にとっては、駆け出しであっても、プロジェクト全体を思う存分切り回すことができるのだから、自分の能力・才能に自信のある人にとって、うってつけの職種であることは間違いない。しかし、ひとたび何かが起きたら…? 影響がプロジェクトの様々な箇所に及ぶということは、「何か」が起きたら「何がしら」の道義的責任が降りかかってくることを意味する。

　無責任では済まされないのは、PDCAサイクルの「陰」の部分ではあるが、プロジェクトを「何がしら」引き受けた以上は、初手からそういうものとして、きちんと心得ておくべき事柄であることは間違いない。しかし、事故という名のクレバスの口を最後に開けた人だけが「犯人」として全部の罪を背負うことで良いのだろうか? パーティーなどで飲み物のびんの口を道具無しで何とかして開けようとして、席が盛り上がっていく過程には、多くの人の手と口が参加している。技術を伴うプロジェクトもまた、然りである。それなのに、「犯人」に全てを押しつけて、その他大勢は口を拭（ぬぐ）って良しとするのは、関係者には誰にでも「道義的責任」がかかるはずの技術者ワールドの精神に照らして、果たして妥当と言えるのだろうか?

◆ 11 − 2. 仙台判決（1963年）の精神

現場の運転者のミス、という声は何故良く出るのか？

　日本の世間一般では、何かの事故が起きると、ほぼ同時に「悪いことをしたのは誰だ」という追求が始まる。これは、前にも紹介したように、航空事故においても刑事訴追が優先するという覚書に基づく慣例が、定着して常識化していることの表われである。調査が進んで「犯人」が明示され、「何」が足りなかったかが後付けで指摘されると、世間一般が「けしからん」と糾弾する、という流れは良く見られる所である。事故の背景を成す要素の中には、調査に参加している委員の所属先（官庁や会社組織など）が「作った」ものが少なくないが、それを公の場で指摘して明確にすることは一般に困難であるから、現場の運転者（パイロットなど）のミスであろう、というような無難な結論に落ち着くことになる。特に現場の運転者が事故で落命している場合には。これは言うまでもなく、生きている人に迷惑が及ばないようにするための「忖度」である。

　しかしながら、このような場当たり的にお茶を濁すような風潮に反発する意見の表出は、決して稀ではない。それは、次に紹介する仙台判決が、事故を考察する場合の大事な考え方を含み、支持する人が多いことからも明らかである。

アベレージ（平均的）な運転者という考え方

これは、1963年に仙台空港で起きた、プロペラ旅客機の着陸時の暴走事故に対する判決（対象が事故なので「審判」に相当する）で、オペレーターの事故に対する責任をどのように評価するかにあたり、裁判長が、極めて優れた見解を述べたことがあり、先に紹介した柳田邦男氏の著書にも掲載されている。そこからできるだけコンパクトにまとめたものを以下に示そう。

ダグラスDC3型旅客機　　Ⓒ Clinton Groves

日時：1963年5月10日16時53分頃
場所：仙台空港
機種：DC3型機（2発プロペラ機；事故当時の国内線主力機）
内容：千歳発東京行きの旅客機が、途中経由地である仙台空港に着陸した時、左右に蛇行を起こして不安定になった（①）。機長は復航を決意して（②）エンジンを全開にした所、滑走路左側の草地に飛び出してしまった（③）。旅客機は草地で滑走を続けたのちに浮上（④）したが、右主翼が吹き流し取り付け用ポールに激突、飛行不能となった。更に、地面についた右翼端を雨量計測用の穴に引っかけてしまった。機体は180度回転して地面に激突。機長を含む乗員乗客合わせて7人が重軽傷を負った。
検察：①→操縦操作の誤り、②→速やかに機体を止めるべきであった、③→徐々に加速＆滑走路上で滑走すべき、④→速やかに機体を止めるべきであった、と主張した。
審判：①→偏向の程度にもよるし明らかな誤りがあったと認める証拠はない、②→離陸か停止かどちらも選ぶことが可能な状況、③→DC3はそもそも滑走で偏向を起こし易い機種なので、操縦ミスと断定はできない、④→離陸安全速度に近い状態だったので、いきなり停止するのは危険、障害物は見えなかったから、草地で滑走を続けたのは止むを得ない、と裁判所は判断した。

判決文は、検察側が主張した4点について考察・判断を行った上で、以下の結論を述べた。

もしも、被告人（機長）の操縦技倆（ぎりょう）がより優秀であったならば、あるいは本件事故の発生はみなかったかも知れない。

　しかし、被告人は飛行機操縦者に一般に要求される技倆を有していたのであって、本件の具体的操作にあたっても、とくにその技倆の発揮を怠り、およそ通常の技倆を有する飛行機操縦士としてあるまじき操縦上の誤りをおかしたと認められない以上、右の意味での被告人の「技倆未熟」はついに刑事責任の外にあるものと言うしかないのである。

　日本の裁判で、「アベレージ・オペレーター」の考え方が示された最初の判例である。これ以降、事故の「審判」としての裁判に臨む者は、好むと好まざるとに拘わらず、上に掲げた判決文を強く意識せざるを得なくなった。その意味で、仙台判決は現在の目で見ても、画期的であったと言えるだろう。

◆ 11 − 3. 北陸トンネル「きたぐに」列車火災（1972 年、福井）

夜行列車は上野発・・・だけではなかった

　津軽海峡線の開通により青函連絡船が廃止されたのは 1988 年 3 月 13 日のことである。今（2024年）から一世代以上も昔のことだから、人々の記憶から忘れ去られて当然であるにも拘わらず、青函連絡船の人気は依然として高い。北海道を目指す旅客の大半が空路を使うご時世となり、貨物輸送にとってもボトルネック、加えて、洞爺丸事故（1954 年）以来の宿願であった、客貨を安全に運ぶための海底トンネル建設の要望が相俟って、連絡船は廃止されることになったのだが、単なる郷愁では無い感情が人気を支えているように思われる。有名な流行歌のおかげで上野発の夜行列車（急行「八甲田」など）と連結したイメージで紹介される機会が多いことも理由の一つであろう。但し、青森で乗り換えて（寝台列車であっても客車航送は無いので）北海道を目指す列車は、太平洋側を走行するものばかりではなかった。この事実を確認する作業から本節をスタートすることは、決して無駄骨ではないと思う。

夜行急行の運転の特徴

　現在では、季節列車＝臨時便への格下げを経た上で、全て廃止されているが、かつては日本海側にも、青函連絡船への接続を前提とし、青森と大阪を結ぶ夜行急行・特急が幾つも存在していた。特に「夜行」の急行の場合には、速力が特急よりも遅く、かつ、停車駅の数が多いため、起点の駅を夜中に発車しても、終点まで走行する途中で夜が明けることになるから、夜行（寝台）列車の性格と、昼行の急行の性格を併せ持つことになる。「きたぐに」は、1982 年に新潟駅以北が「いなほ」として分離されて以降、2012 年 3 月 17 日に定期運行が終了して季節列車となり、最終的に 2013 年 1 月 7 日に廃止されるまで、大阪−新潟間の夜行急行となっていたが、かつては新潟駅で寝台車を切り離した上で、引き続き青森まで運転していた。流石に、鉄道ファンを除くと起終点間を乗り通す乗客は多くないとはいえ、乗車中に幾度も食事の時間が到来することになる。だからこそ、昔は食堂車が連結されていたのである。1972 年の「きたぐに」の列車編成にも、当然、食堂車は含まれていた。

木材とガスバーナーの邂逅（かいこう）

　近年、ブルートレインの引退と入れ替わるように、各地で豪華列車が設定されるようになった。それに伴い、必ずしも長時間走行する路線でなくても、食堂車が復活している。車上での調理はもちろんIH（0系新幹線が嚆矢）であるが、昔の調理は、化学実験室と同じ、プロパンガスバーナーの火を用いて行われていた。車両そのものは鋼鉄製ではあっても、設備の一部は木材であったから、火は点かないまでも調理の度に焦げることになる。

　筆者が福井大学に着任した当時は、木製の実験台が圧倒的に多く、しかもその大部分には焦げ目があった。原因はガスバーナーの火と、水蒸気蒸留（懐かしい！）で用いたマントルヒーターの余熱による熱ストレスの繰り返しである。焦げ目があるということは、その部位でゆっくりした酸化（燃焼）が起きていることに他ならない。実験中に、可燃性の液体を実験台にこぼし染み込ませてしまうことはしょっちゅうであったから、間が悪いと、わざわざ着火するまでもなく、火災が発生し得る環境だと言える。火気の無いはずの首里城が全焼したのは、起きた順番は逆だったろうが、実験室と同じような条件が重なったためではなかったろうか？

　数年前、H大学で古い木製の実験台から発火したというニュースが報じられた。久しぶりだったので、化学を嗜（たしな）む者として、何となく親近感を覚えたのであるが、筆者の学生時代、世間が大学内の事故事件への関心が薄かった時代、研究室のアングラ情報からは、実験台からの発火事故が頻々と起きていたように思われた。

　一般論となるが、古い食堂車の火災には、実験室のそれと同じく、ゆっくりした酸化に伴う自然発火と考えられる事例が多かったことが、IH調理器の開発を推し進めたことは間違いない。但し、0系新幹線の食堂車にIH調理器が搭載されて営業運転に入ったのは1964年で、要は試験段階であったから、全国各地に残っていた食堂車がプロパンガスバーナーによる調理で営業（1972年の「きたぐに」も、もちろんそう）していたのは無理もないことであったとは言える。

続・事故の鉄道史

　トンネル火災事故の考察は、「続・事故の鉄道史」で、裁判記録や事故調査報告書をベースに、詳細に行われているので、そこからなるべく要点を圧縮して以下に記し、読者の便宜を図ることとしたい。

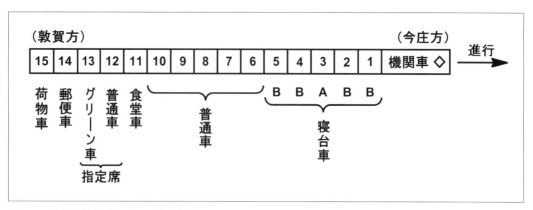

図36　急行「きたぐに」の列車編成

食堂車の火災と停電事故の発生

　1972年11月5日の22：10に大阪駅を発車した下りの夜行急行「きたぐに」は、米原経由で北陸本線（2024年3月16日以降、敦賀駅〜大聖寺間はハピラインふくいの路線となった）を、でスタフ通りに運行されていた。翌6日1：04過ぎに敦賀駅を発車し、数十秒後に北陸トンネル（13870m、国鉄在来線では当時最長）に進入した。列車がトンネルの中央付近を通過中の1：09頃、食堂車（11号車）の一部に設けられた喫煙室から出火した。原因は老朽化した電灯線の過熱と推定されている。

　当時の運行規定では、列車火災が起きた場合には、列車を停めてその場で火災車両を切り離すことになっていた。そこで、乗務員は1：13に列車を停止し、1：18に上り線に軌道短絡器（信号機を赤に変化させ現場への列車進入を防止する道具）を設置してスペースを確保した上で、1：28から食堂車と客車（12号車）の間で切り離し作業を開始した。1：34に作業は終わり、列車の前部を5m移動した。

　引き続き、食堂車と客車（10号車）の切り離しを行おうとしたが、暗闇のトンネル内で手間取り、かつ、初期消火に成功しなかったこともあり、煙がひどく立ち込めて来たため、1：39に列車の前部を更に60m移動した。次いで、切り離し箇所を9〜10号車間に変更し、作業終了後は列車の前部の運転を再開してトンネルを今庄側に脱出する旨、1：45に敦賀駅の指令所へ無線連絡したが、直後の1：52に停電が発生。列車は動かせず、無線も通じなくなった。停電の原因は、トンネル内の漏水を排水溝へ導く塩ビ製の樋が火災による熱で溶け架線にかぶさりショートし、敦賀駅にある指令所のブレーカーが落ちたことによる。

救援列車による脱出

　「きたぐに」の近くで赤信号により停車していた立山2号（上り）が、結果的に、最初の救援列車として機能することになった。2：01に青信号現示（軌道短絡器を避難中の乗客が蹴って外れたらしい）を見て徐行進行した立山2号は、避難して来る乗客の姿を認めて2：03に停止。225名の乗客を収容して2：33に発車し、逆行運転（要は右側通行である）で今庄側へ脱出した。

　また、列車の後部の乗客（12〜13両目）のうち28名は徒歩で敦賀側へ脱出した。残りの70名は、煙がひどくなり、一時車内で窓扉通風口を閉めて待機の後、貨物2565列車の後方に到着した救援A列車に3：30に乗車し、敦賀側へ脱出した。

　この時点でトンネル内には438名の乗客（および4名の乗務員）が取り残されていた。3時頃小康状態だった食堂車の火災は、4時頃にフラッシュオーバー。トンネル内は最悪の状況となった。こうした状況下でも、暗闇のトンネル内を壁伝いに手探りで歩行し、徒歩で脱出に成功した乗客が140名あった。しかし、残りの人たちは、煙に巻かれて意識を失い、続々とトンネル内に倒れて行った。

　今庄側からの救援C列車は5：00に現場に到着し、生存者146名と死者14名を救出し、5：50に発車して今庄側へ脱出した。また、敦賀側からの救援D列車は7：10に現場に到着し、生存者102名と死者2名を救出し、8：15に発車して敦賀側へ脱出した。この他に、葉原斜抗と樫曲斜抗の地上出入口までたどり着いた避難者が相当数あった（鍵がかかっていて出られず）。

　救援列車の車内で息を引き取った避難者もあり、結局、本事故は、死者30名（うち乗務員1名）、負傷者700名以上を数える大惨事となった。火元となった食堂車（オシ2型、当時全国で7両だけ残っていた）はすべて使用停止となり、間もなく廃車された。

福井新聞 1972年11月7日1面　　Ⓒ福井新聞社

裁判について

　本件は、生き残った運転士2名を被告とする刑事裁判に懸かることになった。

　審理の過程で、鉄道研究所による他線での実験結果が報告された。それは、トンネル内で列車火災が起きた場合は、そのまま走行してトンネルを脱出するのが良い、というものであった。この結果、検察側のみならず、一般国民からも、運転士に対する怨嗟（えんさ）の声が起こった。

　しかしながら、列車設備や運行支援システムの側にも問題点が多数存在することを裁判所は確認した。曰く、列車無線に非常用電源が設置されていなかったこと、車内放送の設備がグリーン車（13号車）にしか無かったこと、トンネル内の電灯を非常時に点灯するためのスイッチ所在が乗務員に周知されていなかったこと、トンネルに排煙装置が設置されていなかったこと、斜抗の出口の鍵が列車に保管されていなかったこと・・・

　以上の事実を総合的に考察した結果、裁判所は、本件の審理はアベレージ・パイロット（オペレーター）の概念の下に行うことが妥当と判断し、被告2名を無罪とした。

◆ 11 - 4. その他の事例

再見：餘部鉄橋回送列車転落事故（1986年）

　7 - 4. でも取り上げた本事故では、お座敷列車の回送中、強風下、客車が鉄橋から落下して

41m下の食品加工工場を直撃し、車掌1名と従業員5名、計6名の犠牲者を出した。裁判では、強風時に列車を止めなかった運転司令員3名が有罪になった。

しかしながら、（直後に計測器が故障したとは言え、）事故発生直前の最大風速（33m/秒）は、単独で客車を吹き倒すほどの強風ではなかったから、列車に停止命令を出さなかったこと自体は、必ずしも運転司令員のミスだとは言えない。

一方、列車通過時の振動が以前より大きくなったという声が運転士たちから度々挙がっていた以上、鉄道研究所の検討が未決だったとはいえ、国鉄当局としては、餘部鉄橋上を運転する際の注意（＝更なる徐行）は早期に喚起しておくべきであった。従って、通常の運行規則に沿って徐行運転を行ったDLの機関士のミスだとは言えない。

以上を総合すると、アベレージ・オペレーターの考え方に照らせば、運転士や司令員の罪は問えないとするのが、妥当な判断と言えるだろう。

トルコ航空DC10墜落事故（1974年）

ジャンボジェットの時代は1969年のボーイング747の就航により幕を開けたが、当初の機種は長距離路線用であった。同時期に中短距離路線用のいわゆる「エアバス」として開発されたのが、ダグラスDC10とロッキードL1011（愛称：トライスター）であった。

1974年3月2日、パリのオルリー国際空港を離陸したDC10は、離陸して10分後に約3600mの高度に達した直後、突然、操縦不能となり急角度の降下に陥り、1分半後、パリ郊外のエルムノンビルの森に墜落し、乗員乗客計346名が全員死亡する大惨事となった（一機の事故では当時、世界最大）。

事故調査の結果、墜落原因は、後部貨物室ドアのロックが不完全で、上昇中に生じた機体内外の圧力差でドアが開いてしまったことにあった。その際に、客席床が抜けて乗客6名が放り出されると共に、床下の操縦ケーブルが切断されて、操縦不能に陥った。

貨物室ドアの開閉は電気式であったが、最後のロック及び確認の作業は人力で行うことになっていた。ハンドルを手で回した最後にピンが連動して刺さることにより、ドアロックは完全になるというロジックである。ハンドル操作に必要な力は、通常は13.6kgであるが、54.4kgの力を掛けるとピンが変形し、ピンが所定の位置に刺さらず、従ってドアロックが不完全であっても回路が短絡されて警報が消えてしまい、正常にロックされたように操縦席パネル上に表示される欠陥があることが判明した。そこで、ダグラス社は、ピンが変形しないよう補強板を取り付ける改造を、全てのDC10に対して行いつつあった。補強板が付いていれば、ピンの変形に必要な力は約200kgにも達する（平均的な人間が出せる力ではない）から、ロック・ピンの変形を原因とする事故は防止できることになる。

事故機の作業報告書には、補強板取り付け工事が行われた旨、記載されていた。しかしながら、残骸調査の結果、補強板は付いていなかったことが判明し、重大な品質管理上のミスが起きていたことが確認された。加えて、貨物室のハンドル操作に関する注意（大きな力を加えないこと）は英語でしか書かれておらず、この日の作業員は英語が読めなかった。それでも、この作業員は、貨物室ドアの調子が悪く、少し反った状態で閉まったことを上司に告げたが、問題点は検討されることがないまま、事故機は離陸してしまった。

「補強板が付いているから安全のはず」の思い込みが強かったことは確かであるが、品質管理上のミスは稀であっても起こり得る事象である。ドアが少し反った状態であったというのは、貨物室ドアの安全ピンの変形が以前から起きていて、「半ドア」での飛行を繰り返しているうちに変形した可能性があるから、この日の作業員が変形させたとは断定できない。

　以上を総合すると、アベレージ・オペレーターの考え方に照らせば、パイロットや作業員の罪は問えないとするのが、妥当な判断と言えるだろう。但し、航空会社には、欠陥機と気付かずに飛ばしていた責任があるかも知れない、と柳田邦男氏は指摘している。

洞爺丸台風による青函連絡船5隻の遭難（1954年）

　1954年9月26日、15号台風は、日本海に進んだあと、三陸方面へ再上陸するという予報を裏切り、北海道の西海岸に沿って北上し、発達を続けた。北日本一帯には、前線がクモの巣のように入り組んでいたが、台風の進行に従って寒冷前線も北上を続け、強い東風の原因であった温暖前線に追いつき、閉塞前線が発生した。そしてこの閉塞前線が、16時に青森、17時に函館を順次通過した結果、一時的に風が凪いで晴れ間が出るに至ったのである。

　誰もがこれを台風の眼だと疑わなかったが、それは「偽りの晴れ間」に過ぎなかった。台風は北海道の西の日本海上にあり、発達しつつ、「牙を剝（む）く」機会を窺っていたからである。台風の眼が通過した判断して函館を出港した青函連絡船・洞爺丸は、暴風にまともに翻弄され、5時間の苦闘の後に沈没し、乗船者のうち1155名が亡くなった。更に4隻の連絡船も沈没し、5隻合計で1430名が亡くなる、大惨事となった。

　事故後に開かれた海難審判では、連絡船の船長たちの責任は問われなかった（不起訴）が、これは世間の批判はあったものの、アベレージ・オペレーターの概念が適用された結果と判断される。閉塞前線で凪（なぎ）が発生することは、殆ど知られておらず、この事象を含めて当時、正確な判断を下すことは不可能だったからである。但し、船長の個人的判断（職業上のカン）だけで判断することは、荒天時に連絡船の安全を確保する見地から最善と見なせないことが明らかになった結果、船長・駅長・司令室など、運航に関わるメンバーが合議して出港の可否を決定する方式が導入されることになった。

タイタニック号沈没事故（1912年）

　小説や映画の素材として幾度も取り上げられる有名な事故であるから、細かな紹介は不要と思う。

　イギリスのリバプールを1912年4月10日に出航したタイタニック号は、フランスのシェルブールとアイルランドのクイーンズタウンに寄港の後、一路米国のニューヨークへ向けて航海を続けた。目的地まであと1日半の航海となった14日の深夜、大西洋上で氷山に衝突。船体の右側面に穴が開き、許容限度を超える数の防水区画に浸水した結果、衝突から2時間40分後に沈没。北大西洋航路上には多くの船がいて、タイタニック号のSOS信号を受信していたが、いずれも距離が離れていたため、沈没前に近くに駆けつけられた船はいなかった。

　救命ボートの数は、法律の規定を守っていたものの、事故発生時に乗船していた人数の約半数しか収容できなかった。不手際・不測の事態も避難中に起き、結局、乗船者2200名余りに対し、1500名以上が命を落とすという、大惨事となった。

タイタニック号のスミス船長は、当時、他の船長たちが行っていたのと同じ操船法により、タイタニック号を運行していた。北大西洋航路は、事故が極めて少ない路線であり、仮に事故が起きても近くの船が救助に来ることが期待できたので、救命ボートの定員が不足していても、乗客は気にせず大西洋両岸の行き来に利用していた。結果として、安全保持がともすれば軽視される雰囲気が醸成されていた。

　タイタニック号は初めての営業用航海であったことによる劇的要素の部分が大きく、尾ひれを付けて語られることが多いが、「救命ボートの定員不足」という問題点を抱えたままで運航を続けていれば、早晩、他の大型客船で惨事が起きたことは確実であっただろう。従って、スミス船長だけを非難（刑事訴追）するのは不公平と考えるべきである。本事故に関する審判（米国とイギリスで行われた）でも、明記されていないが、アベレージ・オペレーターの考え方が適用されたことは間違いない。

◆ 11－5. 小括

　人間の感情は複雑である。後付けにせよ、「そんなの許せない!」と考える向きも多かろう。過去の事件を裁くために新たに法律を制定する国も少なくないことからも、その性癖の根強さは確認できる。しかしながら、いやしくも法治国家である限り、事前に想定することができなかった事例に対しては、まずは、素直にその「落ち度」や「エアポケット」を認めることから考察を始めることが、人の道に適うのではなかろうか？

　大事故の後には再発を防止する見地から、いろいろな対策が取られるから、その契機となった大事故でのオペレーターの振る舞い（無罪とされた）は、対策後の事故の過程で行われたならば、まず間違いなく有罪の判決が下されるであろう。極めて深刻な切り口の場合もあるだろう。それでも時間を遡って裁くことは避けなければならない。アベレージ・オペレーターの概念は、こうした「落ち度」を忘れないようにするための良い目印（一里塚…は古いか!?）というべきである。

12　おはなし事例分析（6）陰謀論はなぜ繰り返し起こる？

◆ 12 − 1. 緒言

まじめな人ほど陰謀論者になり易いのは何故か

　2015年、日航ジャンボ墜落事故から30周年を迎えるに当たり、NHKは特番「空白の16時間」を放送した。その中で、当時救援に向かった元自衛隊員の方は、墜落現場に降下しようと試みたが、真夏の時期で樹木や草木の葉っぱが隙間なく生い茂っていたため、断念を余儀なくされたことを明らかにした。この点に関して「小骨が刺さったような感じ」と発言されていたのが印象に残った。

　そう言えば、本書で詳しく紹介した1989年の玉川海岸岩盤崩落事故についても、現場のすぐ沖合いで漁をしていて、岩肌の裂け目が口を開いたので危ないと思い、知らせるために陸に漕ぎ戻ろうとした瞬間に大きな岩がロックシェッドの真上に落ちるのを目撃した漁師の方が、「（自分としてはあれ以上仕方なかったと思うが、それでも他に）やりようは無かっただろうか、という気持ちを当時も今も持ち続けている」という発言が、これ又30周年の年、2019年の福井新聞に掲載されていた。どちらも、前向きに事に当たろうとしたにも拘わらず、「正解」が見いだせないもどかしさが、ひしひしと伝わって来る。

　いろいろと自分なりに考察を重ねて見ても、こうやれば何とかなったはず、という答えは一向に出てこない。この場合、まじめな人ほど時間をおいて再度、取り組むことになるであろう。一過性の物事だと捉えてとりあえず「忘れて」しまえれば問題は起きないのだが、まじめに考える人の場合、何度トライしても答えが出ない機会が続くと、時間を追って心理的プレッシャーが増大し、不安になってくる。やがて、「こうやれば何とかなった」と安心したい気持ちが高まると、解決できないのは「悪者」がいるからだ、という根拠の無い考察が働き出して、そこから陰謀論への扉が開いてしまうことになる。

陰謀論といえども作業仮説の一つではある

　陰謀論のうちで、比較的道具立てが簡単で、かつ、人口に膾炙（かいしゃ）し易いことで良く登場する最右翼が「テロ行為」であることは、読者の諸兄諸姉もお認め下さるだろう。ワイドショーなどで、ふたこと目には常時「ゲリラが乗り込んだ」というセンテンスが「説明」に登場することがザラであることからも、この「仮説」の人気の高さが窺えようというものだ。言うまでもないことだが、事故の原因が「テロ行為」ではないことを証明するには、化学的方法（鑑識）により、事故現場では火薬類が爆発した痕跡（＝硝煙反応）が無いことを確認する必要がある。

　先に紹介したトルコ航空DC10の墜落事故では、当初、ゲリラが起こしたテロによる空中爆発説が提起されたのだが、硝煙反応の陰性が確認されるや否や、たちまち消えた。陰謀論を否定するには、地道な科学方法による証明を1つ1つ積み上げて立証して行くより他にない。やれコスパだ、タイパだと、途中で掛ける労力をスキップしようとする衝動に駆られた時が危ない。合理的思考で検討を進めるベストの方法は、やはりディベートであろう。複数の異なる立ち位置から出された「一貫した仮説」をぶつけ合い（コロナ禍下では制限されていた方法ですが…）、それぞれの長所短所を検

討することにより、刹那的ではないベターな仮説の構築に向けて前進する事が期待できるからである。1つの仮説だけでは、それが如何に上手に構成されていたとしても、成功バイアスに騙されて間違った結論に到達する恐れのあることは、例えば、筆者が長年従事した合成化学実験で、得られた生成物を確認するため、機器分析スペクトルで得られた測定ピークを分子構造に帰属する際に、頻々と起きている事実を指摘すれば充分と思われる。要は、期待される構造式しか視野に入らなくなるのだ。

　事故・事件に対して考察を加えようとする場合には、所詮、（状況）証拠は後付けでしか手に入らないし、決定的なピースを欠く場合が少なくない以上、複数の違った切り口からアプローチを行うことが不可欠となる。

◆ 12 - 2. 1966年2月4日全日空羽田沖墜落事故での残骸の異常

5つの何故？からの出発

　本書の第9章で紹介した、1966年の航空機連続事故（5件）の「幕開け」となった墜落事故を例として、陰謀論が発生してくる根源を探ることから、考察を始めたいと思う。

　この事故の場合、事故機が落下して行き海面に着水した際に、極めて大きな衝撃力が加わったことが、乗客乗員の遺体解剖の結果（骨折など）から判明している。従って、機体各部の破壊が「水圧」で起きたとする仮説が、広い範囲にわたって成立する環境にあったことをまずは押さえておく必要がある。

　言うまでもないことだが、事故の残骸には「異常」は付き物だ。従って、それを片っ端から取り上げて考察を加えようものなら、焦点がぼけてしまい、読者の諸兄諸姉を混乱させる恐れなしとしない。ここでは、柳田邦男氏の「マッハの恐怖」で、事故報告書の第1次草案を作成するに当たり検討された、5つの何故？に絞って考察してみたい。まず最初に、「疑問の5」（昔の小説のタイトルみたいですが）とは何かについて列挙する。

A．（操縦室の）機長側スライド窓が開いていたのは何故？
B．第3エンジンのスタートレバー（だけが）中間位置（カット・オフに切りかけた位置）になっていたのは何故？
C．救命胴衣のうち28個が膨張した状態で揚収されたのは何故？
D．客室後方ドアのハンドルが「開」の位置にあったのは何故？
E．ギャレイ・サービス・ドアの脱出用シュートの取り付け棒の曲がりは何故？

　では、順を追って考察に取り掛かることにしよう。見易くするため、ここでは原因1は、A～Eのすべてにおいて「水圧による偶然」として統一してある。

A．（操縦室の）機長側スライド窓が開いていたのは何故？

　原因1：水圧による偶然
　原因2：速やかにちょっとした換気が必要な状況にあった→火災の発生？
　※航空機が飛行する大部分の時間、上空での気圧は地上での気圧（大気圧）よりかなり低めだから、スライド窓を開けようとする動機は、通常、起こらないはずである。

B. 第３エンジンのスタートレバー（だけが）中間位置（カット・オフに切りかけた位置）になっていたのは何故？

原因１：水圧による偶然

原因２：第３エンジンにカットオフを要する状況が発生した→火災の発生？

※エンジンの火災が発生したら、該当するエンジンは完全にカットした上で、消火剤をエンジン内部に噴出し、被害が広がらないようにするのが常道である。仮に減速でエンジンの出力を下げる目的であっても、727型機のエンジンは３発（すべて尾部に付いている）あり、第３エンジンは機体の右側に付いている以上、パワーの操作が非対称となるため、不自然である。

C. 救命胴衣のうち28個が膨張した状態で揚収されたのは何故？

原因１：水圧による偶然

原因２：捜索船の揚収時に偶然操作（紐を引っ張る形になった）

原因３：接水前に操作→説明を聞いた乗客があわてて膨らませた？

※一般に救命胴衣は、人為的に操作しないと膨らまないようになっているはずである。平時に突発的に膨らむようでは困る。

D. 客室後方ドアのハンドルが「開」の位置にあったのは何故？

原因１：水圧による偶然（従って接水前の位置は不明ということ）

原因２：接水前に「開」の位置に乗務員が操作→緊急脱出の準備？

※ドアのハンドルはドアロックを兼ねている。ハンドルを開の位置にセットしても、その時点ですぐドアが開くわけではない。接水の衝撃によりドアが変形して開かなくなる可能性があるから、あらかじめロックだけ外しておくことは蓋然性がある。

E. ギャレイ・サービス・ドアの脱出用シュートの取り付け棒の曲がりは何故？

原因１：水圧による偶然

原因２：脱出用シュートが取り付けられた→緊急脱出の準備？

※ドア床の取り付け部にシュートが取り付けられた状態で接水すれば、水圧（というよりも粘性か）シュートの移動にブレーキが掛かるため、外側から引っ張られたのに相当する応力が掛かる。床のシュート取り付け部にえぐり取られたようなキズが残されている事実は、このような可能性を支持する証拠と考えて差支えない。

考察

異常個所のうち、ＤとＥは、緊急脱出としては一連の過程であるから、共に「原因２」を採用し関連付けて議論しても、別段不自然なものではない。従って、「原因１の仮説」に対抗し得る「対立仮説」として認めて良いだろう。

これに対し、ＡとＢとＣは、必ずしも緊急脱出とは限らない事象であるから、これをもって事故が起こりつつある前触れと取るのは、いささか牽強付会があることが分かる。「対立仮説」と認めるには弱い。

整理すると、「偶然の結果」として説明が充分可能である時に、「人為的」だと繰り返し主張し想像力を働かせて、「異常な点」どうしを無理やり結びつけようとする態度を貫き通すならば、仮に事故発生に至るストーリーがきれいに組み立てられたとしても、陰謀論の烙印を押される可能性が大きくなることは、容易にお分かり頂けるであろう。

◆ 12 - 3. 世界貿易センタービル（WTC）崩壊に対する工学的考察

同時多発テロの発生と疑問点

2001年9月11日、いわゆる同時多発テロが米国で発生し、ハイジャックされた旅客機4機のうち2機がニューヨークの世界貿易センター（WTC）ビルに衝突し炎上。約1時間後、WTCの南北棟とも一気に崩れ落ち、多数の犠牲者を出す大惨事となった。衛星中継された画面は、社会の不安定がすぐ近くまで迫っていることを実感させると共に、地道に努力を重ねて来た多くの人たちにショックを与えた。

数学の力、紙と鉛筆で日本を立て直すことを戦後志し、社会統計の専門家であった私の父もその一人。「今まで自分が努力してきたことは何だったのか…」電話口からだけからでも、その落胆ぶりが伝わって来る。1月に配偶者（私の母）を亡くして以来調子を落としていた父は、この事件を境に、気持ち的にも肉体的にも文字通りしぼんで行き、2カ月も経たずに急逝してしまった。

TV中継された映像に対し、視聴した有識者たちからは疑問が提出された。WTCに突っ込んだ飛行機には、旅客機なら当然あるはずの、客席の窓の連なりが見当たらないことや、ビル火災は飛行機の衝突後、短時間で収まっていたこと、更に、ビル崩落の直前にビル外壁の鉄材が、多数の箇所から溶け出していること、などの疑問点が出された。米国の自作自演を疑う声さえ挙がった。

福井新聞2001年9月12日付1面
©福井新聞社（共同通信配信）

自由の女神の背景で炎上しているツインタワー Ⓒ National Park Service

合理的思考

　しかし、映像上の見掛けだけからでは、ことの本質が充分には掴めたとは言えない。この事象を客観的に捉えるためには、合理的思考に耐えられるような、別の仮説が必要である。そこで、筆者は、「陰謀説」でなく、ビルの崩落を数理的に見ても納得の行く形で、説明し得たものはないか、と考え、文献調査をしているうちに、注目すべき論説を見つけた。それは、WTC ビルへの飛行機の衝突を、剛体の棒への質点の衝突として近似した上で、この質点が高速度で剛体の棒の上から3分の1の位置に衝突した場合、棒の底部にかかる曲げモーメントがどのくらいの大きさになるかを求める、という数物的アプローチを行ったものであった。結果は、棒（＝ビルの近似）の3分の1の重さに相当する曲げモーメントが底部＝基礎杭に掛かることが、計算から明らかとなった。議論の詳細は原書を参照していただきたい。

　著者は、ビルの「基礎杭」が、厚い岩盤に到達する杭を打ち込めば通常は問題ない地域であったため、必ず耐震を考慮に入れて設計・建設される日本と異なり、特に補強されていなかった以上、ビルの崩壊は数理的に説明が付く、と結論している。

　これは別に、数物的アプローチに基づく仮説の方が信憑性がある、と主張しているわけではない。あくまでも、「テロ」ではないとする仮説の一つが、充分な裏付けを以て成立し得るものであることを、示したかっただけである。言うまでもなく、この事例に於けるビル崩壊の真の原因の検討は、複数の仮説が認識された時点がスタートとなるからである。

◆ 12 － 4. 日航 123 便事故と陰謀論

1985 年 8 月 12 日に起きたことへの考察の仕方とは

　本書の中で幾度も述べているように、事故調査は、事故が発生し、当然全貌は把握できておらず、「ピース」しか手許に無い状態から出発するものである。従って、足りない部分を補って全体像＝仮説を描き出すには、明らかに、大変な労力が必要となる。「事故調の報告書」にクレームを付け

る人は世間に多い。そうは言っても、一定の論理を貫く形で1つの仮説が構築されていることは確かである。文句を言うならば、確からしい裏付けに基づく「代替仮説」を提出してからにして欲しい。それが、苦心して「先行仮説」を提出した人の努力に対する、当然の礼儀というものである。

　1985年8月12日に発生した、日航123便ボーイング747型機（ジャンボジェット）の墜落事故を検討するためには、4つの区分に分けて考える必要がある、と筆者は考える。即ち：

A. 離陸前（修理や整備のミス・不手際で問題点を抱えていなかったか？）
B. 離陸から事故（垂直尾翼の欠損）発生まで（内部破壊？外部破壊？）
C. 事故発生から墜落まで（飛行の制御はどの程度出来たか？）
D. 救難活動（墜落から生存者救出まで16時間を要したのは何故？）

の4つである。A.〜D.の事柄は、事象としての性格が一見して異なっている以上、差し当たり、別々に考察を進める方針で臨むべきものと考えられる。

ボーイング747型8119号機　　Ⓒ Kjell Nilsson

陰謀論の幕開け？

　ところが、本事故の場合には、どれか1つの区分で、合理的推論に苦しむ事象が断簡零細でも見出されると、

「これはおかしい、だとすれば、他の区分でもおかしいのではないか？」

という意見が出ることが多々あるようだ。こうした意見がある程度の個数まで集積すると、何とか悪者を見つけて納得しようとする心理が働き、活動を開始する「手合い」が少なからずいるように見受けられてならない。ひとたびこのトリガーが掛かってしまうと、あとは陰謀論へまっしぐらということになる。

横田空域を考察に入れるべき

　上記のA.～D.は、時間軸に沿った区分であり見易いものである。しかしながら、ここにもう一つ、時間経過に関係なく最初から終わりまで存在し続けている条件を加える必要があるのではないか、と筆者は考えるものである。世の中の有識者は殆ど指摘しないのであるが。それは、

　E. 日本の航空行政（要は航空路）の置かれた立場を考える必要はないか？

である。
　最近、ミサイル発射のたびにEEZ（防空識別圏）が話題になることが多いが、国を守るために見逃してはならないのは領空（海上なら領海）の概念である。日本の領空に加えて、米国の領空（米軍横田基地が管轄）が存在することは、日本国民にとっては一般常識であろう。但し、第二次世界大戦後の日本人（もちろん筆者も含まれます）には、軍隊というものがどのように思考し行動するものなのか、に対する理解と想像力がすっぽり抜け落ちたままであることに、注意を払う必要がある。仮に、ある事件事故が「軍がらみ」だとしても、経緯を再構成して何らかの立証を行うことなど、現在の立ち位置からではナンセンスと言い得ると思う。
　それでは、E.を加えることを読者の諸兄諸姉には了承していただけたと思うので、以下、A.～E.に対して、順次、現時点で確実と考えられる根拠（証拠）を挙げて行って見よう。

A. 離陸前（修理や整備のミス・不手際で問題点を抱えていなかったか？）

　事故機となったボーイング747型8119号機は、1978年に大阪空港への着陸時に機首を引き起こし過ぎて機体尾部を滑走路に擦る、いわゆる「しりもち」事故を起こした。直後にボーイング社から技術者が来日し、損傷した機体部分を修理すると共に、歪んだ後部圧力隔壁の下半分を新品に交換して新旧部分を連結し、修理を完了した。しかしながら、作業にミスがあり、隔壁の新旧連結箇所の一部の強度が想定より弱くなってしまった。この修理ミスについては、事故直後の1985年9月、ボーイング社が公式に声明を発表している。日本の事故調が、この段階でこれを「謎解き」のベースに据えたのは、様々な仮説が飛び交って混乱を来している折柄、事故調査の進め方の柱をある程度絞った上でないと、証拠・証言を収集・精査するに当たって困難を来すからであり、しごく当たり前の「初動」であったと言える。
　8119号機は、しりもち事故の後更に、1982年に千歳空港で、第4エンジン（右主翼の端に付いている）を滑走路に擦る事故を起こしている。機体の中央部から尾部にかけて、明らかに修理が必要だったと判断されるが、ボーイング社から技術者が来日したという記録は残されていない。
　8119号機は、後部客室トイレのドアが上空では開き難くなる異常が乗務員から幾度も報告されていた。これは、与圧に伴う上空での機体の変形（膨張）が想定通り（新品同然になったはず）ではなかったことを意味する。修理ミス等があったとするならば、この事象は、機体の弱い部分に繰り返し掛かる応力が変形をもたらした結果が顕在化したものと考えることが可能である。
　一般論ではあるが、繁忙時は代替できる機体のやりくりが難しいため、少しくらいの不具合があっても、その日のフライトが全て終了するまでは修理・点検を引き延ばす、キャリーオーバーが常態化していたと考えられる。キャリーオーバーを繰り返しても、それまでは深刻な事態が起

きなかったため、昔の北大西洋航路の客船（タイタニック号の事故以前の約40年間の運行での死者は平均して年1名以下だった）と同様、安全保持がともすれば軽視される雰囲気が醸成されていたのではなかろうか？

A. の要因に関わる仮説の例示

＜仮説1＞8119号機は、機体の変形をもたらす事故を1978年と1982年に起こしており、その都度修理を受けたにせよ、自動車で言う所の「事故車」に相当する機体であった。

1978年の修理ミス（ボーイング社が声明を発表）により通常より強度が低いまま放置された後部圧力隔壁は、離着陸に伴う減圧加圧の応力を繰り返し受けることにより、新品の圧力隔壁より、金属疲労の進行が速かったはずである。8119号機の飛行履歴は約1万5千回に達していたから、計算上いつ何時、後部圧力隔壁が破断してもおかしくなかった。これが事故原因の第一である。

＜仮説2＞過去の航空事故の例からすると、飛行履歴が計算された疲労限界よりはるかに多くなっても、問題なく飛行を続けた例が多い。8119号機の後部圧力隔壁の破断についても、何か他の理由を考えるべきではないか？

B. 離陸から事故（垂直尾翼の欠損）発生まで（内部破壊？外部破壊？）

事故が起きた1985年8月12日（月曜日）は、お盆前日であった。羽田―大阪線では、18時発の123便と次の19時25分発の125便（最終）は、いつもなら、首都圏で仕事を終えて関西に帰るためのビジネス便である。しかし、この日は平日ではあるがお盆の前日に当たり、夏休みの計画で移動しようとする一般客が多く、どの旅客機も満席に近い状態でフライトを繰り返していた。定期便に加えてチャーター便（臨時便）もあったから、空港管制はスポットのやりくりに大童、飛行機の離着陸の安全を確保する必要から、本来の時刻より多少遅れて運航するのは仕方なかったと言える。

123便は、18時12分に羽田を離陸した。普通の捉え方なら12分遅れであるが、航空機はフライト・プランから15分以上遅れた場合、報告義務が発生する、と法律上定められているから、12分遅れでも「定時出発」の扱いとなる。但し、このまま当初の計画通りに56分間の飛行を行うと、少なくとも12分の遅れをそのまま持ち越すことになる。当時、大阪伊丹空港は、騒音対策から、21時以降の離着陸が禁止されていたから、次の125便（最終）への影響を最小限に留めたい、と123便のクルーは考えたに違いない。

航空機が迷子にならないのは、前にも述べた通り、電波標識のお蔭である。羽田－大阪便の場合には、羽田離陸後、館山、差木地（大島）、串本（紀伊半島の南端）の順に「ウェイ・ポイント」を経由するように飛行し、ポイント通過を航空路管制に通報する義務がある。しかし、この日の航空路沿いの天気予報による気流は安定していたので、飛行時間を短縮して「遅れ」の幅を縮める目的から（だと思う）、機長は、「可能であればシー・パーチに直行したい」と航空路管制に申請し、承認された。乗客が右側の窓外を撮影したスナップ写真は、グーグルアースを援用して解析した結果、18時16分に富津岬の上空で撮影されたものと確認された。言い換えれば、そこは正確に航空路上であった。従って、「ショートカット」に移ったのは、富津岬の上空通過後という

ことになる。

　シー・パーチは、御前崎の南にあるウェイポイント（通報義務無し）である。正規の航空路は本州の南の海上を大回りする経路であるが、館山沖からこのポイントへ直行すると、飛行距離をかなりショートカットできる。但し、飛行経路は、大島の北端と伊豆半島の中央部を横切ることになる。これは、正規の航空路から約5キロも北寄りとなるから、横田空域にかなり接近した飛び方をすることを意味する。

　ボイスレコーダーは30分のエンドレステープでの録音のため、18:12に羽田を離陸直後の音声は残されていないが、「衝撃音」の直前、18:24:12に、客室乗務員がコックピットに乗客の希望をOKして良いかどうかを問いかけ、コックピットクルーが応答する場面以降、墜落に至るまでの録音が残されているのは周知の通りである。この時のコックピットクルー応答の音声の緊張度が、それより前、管制官との間の交信音声のそれより高い数値を示している点は、ぜひ考察する必要がある。もっとも、問いかけの冒頭部分の音声が切れているため、用件については「トイレに行く希望」か「コックピット見学の希望」か意見が分かれている。「トイレに行く希望」だとすれば、角田氏や小田氏の考察の通り、（いったん消された）シートベルトが再びオンになった状況証拠となるが、「コックピット見学の希望」だとすれば、シートベルトはオフでないとつじつまが合わない。

　更に、事故発生時刻に接近した時間帯に、伊豆半島一帯で、ソニック・ブームが観測されている。これは、超音速で動く物体がある時、空気は早く動けないので、動く物体に対して壁となるため、衝撃波が発生するものである。超音速で動く物体として1985年当時に存在していたものとしては、戦闘機や偵察機（自衛隊、米軍）および、ロケット式標的機（米軍、射撃訓練用）がある。旅客機の巡航速度はマッハ0.7程度（マッハ1が音速）であるから、もちろん対象外である。

B. の要因に関わる仮説の例示

　離陸から木更津ポイントを通過後、通常の航空路から逸れてショートカットに入ること自体は、別に変ったことではない。天気予報では、各地に雷雲が発生していたが、飛行機の巡航高度の気流は安定しており、ショートカットを提案した側も許可した側も問題無かった。加えて、事故発生以前から異変が起こりつつあったことを裏付けるような交信は記録されていない。従って、B. については、ずばり、事故がどのようにして発生したか、に絞って考察することになる。様々な資料で挙げられている事故原因を、以下列挙してみる。

　項目名は、吉原公一郎、角田史郎両氏の著作に示されたものに従い、それぞれの仮説が提起された順番を再現するように努力した。事故の原因として重要度の高い順番というわけではではない。事故調が発表した事故原因は＜仮説1＞とした。

＜仮説1＞後部圧力隔壁の金属疲労が進行し、飛行中に破壊分解した。機体尾部が大破すると共に油圧システム4系統が切断され、操縦不能となった。（＝内部破壊）
＜仮説2＞R5（機体右側の5番目＝最後尾）のドアそのもの、或いは、ドアに付いている窓が破損した。（＝内部破壊）
＜仮説3＞リンク（隔壁の上部と尾翼を連結している部品）が破損した。（＝内部破壊）
＜仮説4＞APU（補助動力装置；機体の尾部の突端にあり、飛行機が着地している間のエアコン

作動のため等に使用される）が爆発的に破壊した。（＝内部破壊）
＜仮説5＞方向舵の欠陥（方向舵の上部・下部方向舵の同期にずれがあった）により、垂直尾翼
　　　にフラッタリングが発生した。（＝内部破壊）
＜仮説6＞ミサイルの衝突により垂直尾翼が大破した。（＝外部破壊）
＜仮説7＞隕石の衝突。（＝外部破壊）
＜仮説8＞VIP狙いの爆破。（＝内部破壊、外部破壊ともあり）
＜仮説9＞他の飛行機とのニアミス。（＝外部破壊）
＜仮説10＞無人標的機の衝突。（＝外部破壊）

　筆者としては、油圧システム自体の爆発的分解（内部破壊）を、
＜仮説11＞として提出しておくことにする。

「操縦不能」の原因として提起された仮説のあれこれ

　事故調が「後部圧力隔壁」を操縦不能の原因として主張したのは、事故調査を行い報告を行う場合、裏付けの無い仮説は極力避けることが、ICAO（国際民間航空機関）のマニュアルに明記されていることが一番の理由である。要は、原因（圧力隔壁）と結果（操縦不能）がどのように繋がっているかは十全に明らかにし得ないかも知れないが、事故機の構造の中で明らかに弱い箇所が修理ミスのあった後部圧力隔壁である以上、これを第一原因として取り上げるのは当然、という立場と理解して良いと思うし、筆者も異議を唱えるつもりはない。

　とは言え、まだ「裏付け」が見つかっていないとはいえ、近い将来に見つかる可能性があるとものについては、取り上げて検討・考察することに問題はないだろう。

C. 事故発生から墜落まで（飛行の制御はどの程度出来たか？）

　ボイスレコーダー・フライトレコーダーのデータを総合して、何らかの異常が発生したことを裏付ける衝撃音は18:24:35に発生したことが確認されている。音の発生源の位置は、藤田日出男氏が外国の音響研究所にコピーテープを持ち込み解析を行った結果、後部圧力隔壁の後方10～20インチ（25～50センチ）と推定された。誤差範囲を考えても、後部圧力隔壁の近傍で何らかの異常事態が起きたことは、間違いない。

　衝撃音から6秒後と12秒後に「スコーク77」という音声が録音されている。2回目のコールは1回目のコールを確認するため、副唱したのだと考えられるが、こんな短い時間では、「事故発生」なのかどうかを確認するには余りにも短い。何に対するスコーク77（非常事態宣言）であるか、この信号の発信条件に基づく考察が必要となる。

　衝撃音から2分後には、4系統ある油圧が全て低下し、油圧による操縦が不可能になったことがコックピットクルーにより確認された。直後に、自動制御が利かなくなった直接の影響として、フゴイド（機首上げと機首下げを繰り返す）＆ダッチロール（機体が右と左の傾きを繰り返す）が始まり、この2種類の運動は墜落まで続く。

　「操縦不能」の大本の原因が油圧の低下にあることは明らかであるが、それが発生した原因をめぐり、喧（かまびす）しい議論が長年にわたって繰り広げられてきたことは、周知の通りである。

しかし、油圧低下自体の直接の原因は明確で、油を「閉じた空間」にシールし圧力を掛け続けることができなくなった点にある。それは、「閉じた空間」が破壊されて油が外部に流出可能となることで発生する。具体的には、パイプラインのどこかが破壊されたか、加圧用のポンプが作動しなくなったか、或いはこの両者が共に起きたか、である。

飛行機が誕生して以来、長い間、コックピットの操縦桿（作動レバー）と動翼（昇降舵、方向舵、補助翼など）は、ワイヤーで結合されていた。しかし、飛行機が大型化するに従い、動翼の操作には大きな力が必要となり、人の手に負えない状態になってきた。そこで、自動車のハンドルのパワーステアリングに相当する機構を組み入れて、余り大きな力を掛けずに操作できるようにしたのが油圧システムである。

物理化学の講義でおなじみの、気体状態の物質を圧縮して液化する際の圧力─体積曲線を思い出して欲しい。液化すると、圧力を上げて行っても体積が容易に減らなくなることは周知の通りである。そこで、閉じた空間に油を閉じ込め、300気圧くらいの圧力を掛けた状態にすると、ここに加えられた力はそのまま他へ伝えられるようになる。これが油圧である。

パイプの形がどうであろうと、「油の管」が繋がっている限り、力は先端まで伝わる。だから、従来の操縦ケーブルに比べて、油圧パイプでは、機内で配管する場合のオプションが多くなった。即ち、ケーブルだと応力を的確に伝達するためには、直線的にジグザグに張り巡らす必要があったが、油圧パイプだと、まっすぐだろうと曲がっていようと、スタートからゴールまで、応力が確実に伝えられるからである。この結果、限られた機内スペースを以前よりも有効に活用できるようになった。

油圧が切れると何一つ動かせなくなる、と考えている人もおられようが、8119号機はクラシックジャンボと呼ばれる機種であり、油圧システムだけでなく、従来からのワイヤーも残されていた。だから、完全な「操縦不能」ということはなく、細かい操作は無理としても、ある程度大まかな操作ならば可能であったと考えられる。但し、事故機のクルーは、油圧システムが4系統全部アウトという事態は通常起こり得ないので想定していなかったから、機体外部の気流等による機体の勝手な運動を、自分たちの苦心の「操縦」の結果だと最後まで信じていたのではないだろうか？ フライトレコーダーのデータからは、操縦桿を頻繁に動かした「形跡」が認められる（柳田邦男氏）とのことであるが、機体が全く反応していない事実から、それは裏づけられると思う。

油圧が破れアウトになった原因は、事故調査委員会は、後部圧力隔壁の損壊以外考えられないとして、仮説を提出した。しかしながら、機体尾部に大規模な破壊をもたらす可能性を持つ後部圧力隔壁の損壊は、当然、急減圧を生じるはずである。本事故では、乗員乗客計524名のうち、4名の乗客が奇跡的に生還したが、聞き取り調査では、急減圧があったという証言は得られていない。また、乗客が撮影した機内後部のスナップ写真を見ると、酸素マスクが下がり、乗客がそれを着用し、客室乗務員が点検して回っている光景が記録されているが、急減圧で強風が機内に吹き、物が散乱した形跡はなく整然としており、急減圧を裏付ける痕跡は見当たらない。

仮説1・2により「偶然の産物」・「大まかな操縦の効果」と見解は分かれるものの、ともあれ、事故機は機首を東の方向に向けて飛行を続けることには成功した。しかしながら、管制に帰還を希望していた出発地の羽田や、代替地の横田（米軍基地）に接近するには至らず、何故か途中で大きく左旋回した後、本州中央部の山岳地帯に針路を向けた。

そして、最後、第4エンジン（右主翼端に付いている）が脱落して出力のバランスが崩れたのを機に、右旋回と回復不能の降下に入り、墜落に至った。

18：56：28でボイスレコーダーの録音は途絶えている。

C.の要因に関わる仮説の例示
C—1.飛行状態
＜仮説1＞事故発生2分後、油圧が全て低下した以降、全ての動翼が動かせなくなった。飛行経路図は、「糸の切れた凧」状態をよく表わしている

＜仮説2＞8119号機はB747－100型でクラシックジャンボと呼ばれるタイプだった。操縦桿と動翼は油圧の他、ワイヤーでも連結されていたから、ある程度大まかな制御はできたはず。フゴイドとダッチロールはずっと続いていたが、全体としての事故機の針路は、「まっすぐ」取れていることが確認できる。

C—2.最後の墜落
＜仮説1＞事故発生以降、頻繁な出力の上げ下げに晒されてきた第4エンジンが、自然な原因から脱落し、出力のバランスが崩れたため、右旋回と回復不能の降下に入り、墜落に至った。

＜仮説2＞墜落現場で発見された第1～第3エンジンがほぼ原形を保っているのに対し、第4エンジンは完全にバラバラの状態になっていた。
外部からの破壊（人為的）を考える必要があるのではないか？

D.救難活動（墜落から生存者救出まで16時間を要したのは何故？）

1985年当時は、現在のようなGPSはなかったから、墜落地点の決定は、プラスマイナス数km程度の誤差を含む、自衛隊のレーダーサイトから見た偵察機の方位と距離（タカンという）の測定結果に頼っていた。米軍の場合もこれは基本的に同じである。そうはいっても、いくつかの測定結果を地図にプロットし、その中心点を求める（誤差はどちら向きでも一様に同程度と仮定）という、測量の基本に忠実な作図を行えば、救援に向かうべき地点は、もっと早期に決定できたはずであった。問題は、墜落後約3時間後に「御座山（おぐらさん）」という、具体的な地名が入った初めての情報（誤報であった）が出た時に起きた。それまでに出されていた確実性の高い証言・通報を無視して、みんなが「待ってました」とばかりわっと御座山情報に飛びつく挙に出てしまったのである。NHKの特番「空白の16時間」を始めとする、事故当時の関係者の証言から浮かび上がってきた状況は、情報処理上の問題（確実にあった）もさることながら、唖然とするものであったと言える（日本社会に特有？）

D.の要因に関わる仮説の例示
＜仮説1＞墜落確認直後から、墜落地点に関する情報が錯綜していた。
航空機による情報は、GPSを利用できる現在に比べて精度が低く、情報を地図の上に落とし込む作業が難航した。
各県警に電話で寄せられた最初期の情報は、振り返って見ると、
かなり正確であったのだが、これを吸い上げて総合的に判断を下す
HQ（大本営？）が作れないままであった。

具体的な地名が初めて含まれた発表（実は誤報）に対して、待ってましたとばかりに飛び付いたのは、当時の空気を考えると仕方なかったかも知れないが、情報処理という見地からは、お粗末であった。

当時の日本では、時間稼ぎを目的として、救助を遅くするための情報操作など、出来る環境にはなかったと言える。

＜仮説２＞午後７時の墜落直後から目撃情報が入り始めた結果、それから２時間以内に、墜落地点は、長野・群馬・埼玉３県の県境付近であることが突き止められていた。正確には、群馬県内で、御巣鷹山に近い尾根（当時は無名）であった。

ところが、群馬県内だと発表すると、競うかのように、長野県内だという発表が出され、錯綜してしまった。

何らかの意図があっての撹乱ではなかろうか？

航空機からの情報に基づく地図プロットには誤差が含まれるにせよ、結果的に真の墜落地点を数キロ以内で指し示していたのであるから、プロットを連ねた（楕）円の中心が怪しいとする考察が、何故行われなかったのだろうか？

E. 日本の航空行政（要は航空路）の置かれた立場を考える必要はないか？

第二次世界大戦後、日本が主権を回復した1952年以降も、日本国内には、在日米軍が自国内と同様の行動を可能とする拠点（米軍基地）が残された。そのうち、規模最大かつ重要だったのが横田基地である。理由は、米国が中国・ソ連（現ロシア）の動向をじかに窺うための「対（仮想）敵」への最前線として、日本が絶好の地理的位置にあったからである。相手に気取られないように出入りするために設けられたのが、横田空域である。

米軍横田基地が管制する空域は、事実上、米国の領空である。従って、日本が自らの領空を侵犯する他国の軍用機に対してスクランブルをかけるのと同様の行動を、米軍も取るはずだ、ということは見易いだろう。徐々に日本側に返還されて来てはいるものの、関東・東海地区では、三浦半島と天城山を結ぶ線の北側、中部山岳地帯の山嶺の南側の間に広大な横田空域があり、日本の航空機は、「狭い回廊部分」を除いて飛行することができない（緊急時は別）。

E. の要因に関わる仮説の例示

＜仮説１＞スクランブルが軍にとってのルーティンであるなら、民間航空機を識別する方法や、救難信号を受信した場合の対応は織り込み済みのはずである。従って、横田空域の存在を考慮する必要はない。

＜仮説２＞一般論であるが、事故は平常からわずかに外れた色々な条件が重なった結果として起こるものである以上、横田空域の存在は、当然、考慮に入れる必要がある。

特に、事故発生後、クルーがわずか６秒後にスコーク77（緊急事態であることを示す）をコールし、12秒後に副唱していることをどう解釈するのか？

機内の異常を発見するのにたった６秒では無理であろう。

スコーク77を発信する他の条件（インターセプト＝要撃）なども考慮するべきではないのか？

真相は？

　A.～D.について、＜仮説1＞を連ねたものが、事故調の見解である。E.についても、報告書に記載はないのだが、事故調が一貫して取っている態度はまず間違いなく＜仮説1＞と考えられる。無理にこじつけた主張が含まれておらず、人口に最も膾炙（かいしゃ）し易い見解だと言えることにより、広く受け入れられてきたものである。これに対し、＜仮説2＞（場合によっては3以降）を採用した場合には、一貫したストーリーを構築することが難しく、時に「牽強付会」となる嫌いがあるため、すぐさま陰謀論の烙印を押されてきたことは、読者の諸兄諸姉も良くご存じの所と思う。

　ストーリーがきれいに繋がることが真相の証明か、というと、はなはだ疑問である。推理小説ファンの読者であれば、名探偵が、犯人の仕掛けた伏線を辿（た ど）ってしまい、推理を誤る場面を幾度も経験されているだろう。とはいえ、陰謀論の烙印を押されることのない、事故調のものと独立の作業仮説が出されていない以上、未だかつて、議論の出発点にすら立てていないのが現状である。理由は、過去に多大な労力を割いて検討された方々が、＜仮説1＞をはなっから無視し取り上げない態度を貫き過ぎたことを、原因の一つに挙げるべきではないのだろうか？

13 筆者の考えた123便墜落事故の経緯・・・「お話」としての再構築の試み

◆ 13 − 1. 緒言

　多様なバックグラウンドを持つ著者たちが、自身の知識や経験に基づいて、可能な限り考察を加え、事故の経緯について一貫した「ストーリーライン」を描出しようとした試みは、巻末の参考文献にも掲げた通りで多数に上る。しかしながら、事故の全体像を再構成するためには、どうしても足りないピースがある。通例、これを無理に補おうとすると、陰謀論の烙印を押されることは間違いなく、事故の仮説どうしで議論を戦わせる（要は、debate する）場が与えられないことになる。それでは、事故原因の解明にせよ、再発防止にせよ、偏った見解だけが流通した結果、事故再発の可能性を温存することになりかねない。それは困る。

　ピースが足りない場合に取るべき対策は、柴田哲孝氏が下山事件の再構成で試みられた「小説」とまでは行かないまでも、「お話」として再構成してみることである。要は、ガチガチの証拠物件・証言だけを組み合わせた論理からでは解が「不定」になる場合、一定の根拠を持つ「お話」で間を補うことで、「絵に何が描かれているか？」が前より多少は見える状態に近づけられる可能性がある、ということである。

　数学を多少なりとも勉強された方は、多種多様な「補間公式」があることはご存じだろう。極限値を精密に求める目的で用いられることの多い補間公式は、考察を始めた当時は「アバウト」なものが多かったにせよ、天才的な叡智により、本体の数式が精密に得られることになった例は、決して稀ではない（円周率については前に少しだけ紹介した）。筆者がここで述べる「お話」が、本体の数式＝真の事故経緯の解明に繋がることを期待して止まない。

　それでは、早速「お話」を始めることにしよう。

◆ 13 − 2. 筆者の仮説の提示

「定時」離陸ではあったが

　1985年8月12日月曜日のお盆の入りの前日、羽田空港では、各方面への出発便が、臨時便を含め閑散時より多数、設定されていたことに加え、乗客が多かったことの影響（搭乗に時間が掛かる！）もあって、日航123便は定刻18:00から12分遅れで羽田空港を離陸した。

　離陸直後に上昇中の123便を、羽田空港の関係者が撮影した映像がYouTubeにある（ワタナベケンタロウさんの連載サイトでも取り上げられている）。通常のフライトではこのような撮影記録は残されないので、大変珍しいものと言えよう。これを観ると、尾部末端、APUの先端から、細かい破片のようなものがこぼれ落ちているのが認められる。123便には、少なくとも離陸直後から、尾部に異変が起こりつつあった可能性がある。

　法律上の扱いでは定時出発であるが、123便は実際には「12分遅れ」で離陸したので、このまま56分間のフライトを行うと、大阪伊丹空港（当時は関空はまだ無い）到着時には、「12分遅れ」

を持ち越すことになる。航空路沿いの気象状態によっては減速やコースの変更が必要となるし、遅れが15分以上に拡大すると、報告義務が発生してしまう。結果として、19:25発の125便（最終）の運航が窮屈になるだろう（当時、大阪伊丹空港の離着陸は21時までであった）。出来るだけ「遅れ」の幅は縮小しておきたい、と123便のクルーが考えたであろうことは、想像に難くない。

航路の変更と横田空域への接近

　目的地へ到着するまでに遅れの幅を短縮するための便法の1つが、ウェイポイント（通過地点）変更によるショートカットである。123便の場合、通常のフライトなら経由する館山ポイントと差木地（大島の南端にある）ポイント（いずれも通報義務あり）をカットし、富津岬沖から御前崎沖のポイント「シーパーチ」へ可能であれば直行したい、と申請を行い、航空路管制から許可を受けた。このショートカットのコースはもちろん、日頃からよく用いられているものではあるが、正規の航空路（本州の南海上を大回りするコース）に比べると、三浦半島と天城山を結ぶ線（この北側に米軍専用＝横田空域がある）に対して、約5キロも接近して飛行することになるため、進路のブレに注意する必要があった。離陸6分後に富津岬沖の航空路上を高度約9000フィートで飛行していたことは、乗客が窓外を撮影したスナップ写真の解析により裏付けられている。

　123便の場合、INS上のデータ入力ミスか、ナブ切り替えミス（詳しくは柳田邦男氏の「撃墜」を参照のこと）の結果、実際の飛行コースが富津岬沖—御前崎沖（シーパーチ）より更に北寄りになった可能性も考えられる。また、方向舵の作動が上下で不一致になる「癖」が8119号機にはあったそうだから、これが偏起を増長した可能性もあるだろう。

「ルーティン」のスクランブル出動

　日本は、その地理上の位置の特殊性により、「東側諸国」の情勢を窺う最前線として、米国の世界戦略上、重要な位置を占めており、その拠点が米軍横田基地である。ここは常時、「準戦闘状態」と言って差し支えない態勢にあるので、そこへの通路となる横田空域への南側入口（太平洋）の守りは極めて重要となる。従って、米軍戦闘機のみならず付近の自衛隊基地からも、いつでもスクランブル出動可能な態勢が取られている。

　航行する旅客機の窓から、戦闘機を目撃された方も少なくないことと思う。要は、「領空」に急接近する航空機（旅客機）を確認するための、「通常任務」に過ぎなかった。もちろん、パイロットが腕を鈍らせないための演習も兼ねていたのだろう。ルーティンで行われる任務である以上、当然マニュアル化されていたはず（シーパーチ経由の旅客機数機のうち1機、など）だし、事故調が米軍機の接近を検討から外したのも、以上に述べたような背景からすれば、頷（うなず）けるものがある。

　ところが、8月12日には、通常任務の時とは異なる条件が、123便の機体には存在していたのだ。

事故発生

　戦闘機2機（何か起きたら僚機を掩護する必要があるので、必ず複数）は123便に接近する際に加速し、一時的に音速を超え、結果として局所的なソニック・ブーム（衝撃波）が発生した。空気は音速以上で動けないため、超音速で動く物体に対して「壁」として働くからである。123便

が飛行した前後の時間帯にソニック・ブームが発生したことは、相模湾沿いの地域で確認されている。もちろん、国内線旅客機の速度はマッハ0.7程度（マッハ1が音速）であるから、123便自身がこのソニック・ブームの原因であるはずはない。

衝撃波が123便に到達した直後、前のフライトから利きが若干悪くなっていた（筆者による推定）、油圧による動翼の作動システムに、激しい振動が起き、油圧パイプ上のピンホール（ひび）が突如、裂け目となった。内側から外側へ向けて300気圧に加圧されていた配管は、針を立てた風船と同様に、爆発的な分解（英国コメット機の空中分解事故を思い出して欲しい）を起こした。大きな初速度を持つ多数の破片は、機体の尾部に集中配置されていた油圧システム（パイプとポンプ）に致命的なダメージを与えると同時に、後部圧力隔壁や尾翼の構造部および支柱に命中し、各所を破壊・変形した（衝撃音がボイスレコーダーに記録）。変形は垂直安定板・尾翼の表面にも及び、スムーズに高速の気流が流れず、あちこちで「引っ掛かる」状態になった翼の外板には巨大な応力が掛かり、短時間で倒壊した。APUの脱落もほとんど同時と考えられる。

油圧

操縦桿や操作ペダルの利きが悪くなる理由は、動翼と繋がっている油圧パイプ内への空気の進入であり、それは、パイプのシールが「気密」でなくなったことを示している。舵の利きに関する記述は123便に備え付けのログノートには無かったのであるが、それは、操縦桿や操作ペダルを多少強めに操作した結果、一時的に問題点が解決したからであろう。

筆者の身近な例としては、赤外分光スペクトル（IR）の測定試料をKBr錠剤として調製する際の実験操作を挙げることができる。即ち、試料とKBrの微粉末を擦り混ぜたものを密封して油圧チャンバー内に入れ、高い圧力を掛けて調製するのだが、圧力が低い間はなかなか加圧が進まないのが、圧力がある程度まで揚がると、それ以降、急激に加圧が進むようになる。理由は、チャンバー内に溜まっていた空気は、液体（油）中に高圧になればなるほど大量に溶け込むことが可能（Henryの法則）なので気泡が減少し、油圧に対する「クッション」としての抵抗が低下するからである。

マニュアル化されていた（と思われる）対策の範囲で、一応解決したと判断できる結果が得られた以上、本格的な修理・調整はその日のフライトが全て終了するまで延期（キャリーオーバー）しても問題なし、とクルーが判断したとしても、一概に非難する訳には行かないと思う。普段からの想定と異なり、最終便以前に事故が発生した理由をズバリ指摘することは難しいが、筆者は、自動車でいう「事故車」に相当する機体に対して、悪い条件が重なったことで、大方の説明は付くものと考える。

マヌーバー（操作性）

話を戻すと、油圧の大半は配管の破壊発生後、90秒以内に抜けてしまった（ボイスレコーダーに油圧低下の会話あり）が、JA8119号機は、B747－100型で、いわゆる「クラシック・ジャンボ」と呼ばれる初期の型であった。即ち、事故発生直後、物理的に全てが喪われた方向舵を除く動翼（水平尾翼／安定板と補助翼）は、操縦桿との間は油圧の他に「ワイヤー」で連結されていたのである。ということは、動翼の作動は非常に鈍くなったとはいえ、ある程度の操作性（マヌーバー）は残っ

ていたものと考えて良い。

　自動操縦を含む動翼の微調整は不可能となった。その結果、飛行機はフゴイド（上昇下降を繰り返す）とダッチロール（起き上がりこぼしのように左右の揺れを繰り返す）を繰り返していたが、クルーによるエンジン出力の周期的調整が功を奏し、直線飛行を維持していたことが、航跡図から確認できる。

要撃の通告

　123便の尾部破壊（破片は機外まで飛んでいるので一種の「爆発」と見ても良い）の巻き添えを食った戦闘機（米軍の場合、当時開発中のステルス機？という説もある）一機は、墜落しないまでも、123便の追尾から離脱した。相模湾に面した海岸で、「機質が8119号機とは異なる」と鑑定された赤色の金属片が発見されたが、これは離脱した戦闘機の機体の一部だった可能性がある。残る一機の戦闘機は、引き続き123便を追尾する態勢を取った。僚機の離脱の状況が不可解だったことから、「民間機を装った敵機」の可能性もあると判断し、横田管制は、確認のため横田基地に強制着陸させる指示（インターセプト＝要撃）を、243または121.5MHz（国際緊急周波数）で行った（筆者の推定）。

スコーク77

　衝撃音発生から数秒後の「スコーク77」は、ひと通り点検した上で発信されたにしては早過ぎる（衝撃音の6秒後のコールを12秒後に副唱）ので、これは、インターセプトを受けたことに対して発信されたもの（国際的に保証されている）と判断できる。スコーク77が発信されるのは、通常は、重篤な非常事態発生時であるが、それ以外に、インターセプトされたことを、相手方および公的な通信機関に伝えるために使われる事例があることを初めて指摘したのは、家族と親戚合わせて5名が123便に搭乗して犠牲となった、小田周二氏であった。

　123便のスコーク77を受けて、自衛隊2機がスクランブル発進し、事故機に追尾したものの、事故機が横田基地に向かっていたため、横田空域の手前で避退し、追尾の役割を米軍機に譲った。なお、123便を追尾する自衛隊戦闘機2機の姿は、大月市の近くに子供さんとキャンプに来ていた、角田史郎氏が目撃している。

緊急着陸果たせず

　そのまま飛行を続けていれば、残された動翼を機敏に調整することが困難とはいえ、気流さえ安定していれば、123便は横田基地に緊急着陸できた可能性が高いと判断できる。ところが、123便の行く手に、天気予報されていた積乱雲（雷雲）が発生し、それが元で、気流の大きな渦が熊谷市上空に生じた。垂直尾翼の大半を失った123便は、風に帆を立てられない船舶と同じ状態に陥り、進行方向の微調整を、横田管制の指示通りには続けられなくなった。横田基地を目前にして左旋回し、基地から遠去かる航跡が残されたのは、このような気流の急変が原因であったと考えられる。

　とはいえ、123便は、横田空域からは逸脱することなく飛行を続けていた。コックピットクルーは、機体を何とかして横田に持って行きたい、という意志を引き続き持っていたと考えて良いだろう。

米軍機・横田管制が、123便は強制着陸の指示を無視して「逃亡」を図ったと判断しようものなら、飛行阻止の挙に出る可能性があるからだ（蓋然性は低いが）。とはいえ、横田空域は確かに広いが所詮、有限の空間であるから、直線飛行を続ければ、遅かれ早かれ空域から逸脱してしまうことは避けられない。空域内に留まり続けるためには、大きく旋回しなければならないが、「ギア・ダウン」という切り札を、大月上空で旋回降下する際に切ってしまった以上、困難であったと思う。

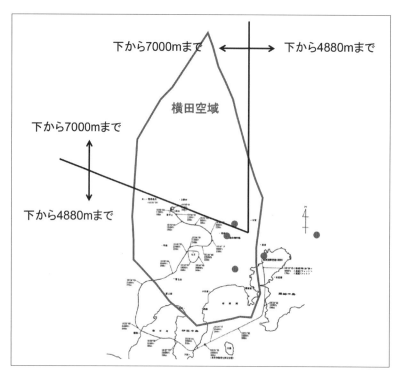

図37 JA8119飛行経路と横田空域の位置関係：
事故調査報告書153頁付図1©国土交通省運輸安全委員会を加工して作成

御巣鷹の尾根

18時50分頃には、上空でも夜の帳（とばり）が降りつつあった。ステラナビゲーター（天体観測用のソフト）を用いて検討した動画を見ると、藍色〜黒色となった空が背景では、戦闘機から目視できたのは翼端灯と衝突防止灯の「ライト」だけだったと見て、まず間違いない。123便の乗員は、なぜ「操縦不能」なのか、事故発生から30分近く経過したにも拘わらず、突き止められないままであった。戦闘機にとってもこれは同じことであり、123便が尾翼部分に大きなダメージを負っており、かつ、雷雲の発生による気流の急変も相俟って、進路を細かく調整できないでいることを確認できていなかった。

中部山岳地帯に接近しつつある123便は、横田空域の「北辺」に平行するような飛び方であったから、空域内に留まりつつ旋回するには左旋回するよりない。そこで、御巣鷹山上空に差し掛かった時、右翼外側の第4エンジンの出力を上げて、旋回を試みようとした所、エンジンが破壊分解して出力を失ってしまった。原因は、1982年の第4エンジン接触事故後の修理が不充分で、金属疲労などが累積しており、それが緊急事態下での推力の頻繁なアップダウンというストレスに晒

され続けて、ついに限界に達したからではないかと考えられる。エンジン出力が左翼側で過大になった結果、123便は突然の右旋回に入り、初めて本物の「アンコントロール」に陥り、わずか1分後に墜落するに至ったのである。

トドメのミサイル発射？

　世の中のいわゆる「陰謀論」は、ここでトドメのミサイルが発射され、123便の第4エンジンに命中したと主張するのだが、果たしてどうだろうか？

　時計の針を、123便が三国山上空に差し掛かった時点に戻し、米軍の立場から考察して見よう。もし、「標的機」が三国山を越え、御巣鷹山の上空を過ぎてしまえば、横田空域から外れてしまうから、追尾の役割は自衛隊機にバトンタッチしなければならなくなる。もし、横田管制が、標的機は強制着陸の指示を無視して逃亡を図ったものと判断したならば、ぎりぎり横田空域内で、飛行継続を阻止する行動に出る可能性は、もちろんある。

　この見地からすれば、小学生と中学生の文集に、複数、「星のようなものが飛んでいくのが見えた」とあるのは、逃亡機に要撃を伝えるための「曳光弾」だったということになるが、果たしてどうだろうか？

通信能力

　横田基地は準戦時体制の中心に位置しているから、他の米軍基地よりも規模は大きい。従って、管制は、123便とも追尾戦闘機とも同時に交信可能であっただろう。これに対し、戦闘機は小さい飛行機である。加えて単座ともなると、通信機は1台のみ。周波数のセットは、事故機との交信か、基地との交信か、どちらか片方に限られる。となれば、スクランブルに飛び立った以上、専ら基地との交信に集中することになるだろう。

　大韓航空機を撃墜したソ連戦闘機のパイロットに対するインタビュー記事は、大いに参考になると思う。パイロットは「周波数を切り替えて両方と交信するなんて無理」と断言している。しかも、当時のソ連軍の極東地区管制が、領空侵犯機が必ずしも軍用機とは限らない可能性を認識していた。一度は撃墜でなく強制着陸させるよう、戦闘機に命令を伝えたのがその点を裏付ける。しかしながら、あとわずかで領空から「脱出」されそうになった際に、再度撃墜の命令を伝えたのは、当時の厳格な「ソ連国境法」に照らした場合、致し方ないことであった。

可能性

　123便の場合も、大韓航空機と似たような経過を辿った可能性は否定できない。公開されたボイスレコーダー記録によれば、123便は横田管制の呼びかけに応答していない。仮に発表の段階で検閲・削除があったのだと仮定しても、123便は、横田空域内にとどまる飛行を努力して続けているとはいえ、その意図する所が横田基地に伝わっていないことは確実と見られるからだ。あとわずかで横田空域（＝米国領空）から脱出（＝逃亡）しそうになった暁には、最悪、どのような対応が成される可能性があるか、想像するだけで怖くなる。

　123便が落下し、レーダーから消えた直後、123便との交信を続けていた管制は、異常事態の発生を知り、急いで戦闘機に対し、追尾していた機体は民間の旅客機であることを知らせたが、全

てはあとの祭りであった…

　以上述べてきたことは、あくまで可能性があるというだけのことで、実際どうであったかを、確認するすべは無いのだが、仮に、最後の「トドメ」のミサイル発射が無かったとしても、御巣鷹山上空で突然右旋回に入った理由は、先に述べたように、「自然な原因」からで説明可能である以上、敢えて「悪者」を作る必然性が存在するだろうか？それは陰謀論そのものではなかろうか？

◆ 13－3. まとめ

総括

　8119号機の尾翼破壊事故は、劣化していた機体が何らかの擾乱（じょうらん）を外側から受けた結果起きたが、この日時で起きなくても早晩起きたであろう。これが第一の原因である。

　米軍と自衛隊の戦闘機（事故調査報告書で全く触れられていないが）は国防という観点に照らした場合、ルーティンの任務を果たしており、咎め立てられる必要性は全くないと判断できる。戦闘機の乗員は、基地からの指示を受けて行動するから、マニュアル通りの作業を求められる「アベレージパイロット」に相当すると考えられる。超音速機が加速する際のソニック・ブームは付き物だし、これまで、他の機体を飛行不能に追い込んだ事例が皆無であったことを考えると、今回の機体の破壊は想定外であったはずである。一方、陰謀論の主張者が強調する「飛行阻止」にしても、要撃をいったん認めたのに逃亡を試みる相手をそのまま見逃すことは、国防という観念からはあり得ない。「アベレージパイロット」という観点から見た場合、ここに挙げた2つの切り口については、罪を問うことは出来ないと考えるべきであろう。他の色々な切り口についても推して知るべし、である。

洋の東西を問わない本音

　仙台判決が出されたのは1963年であるから、人間で言うなら既に「還暦」を迎えている訳で、「アベレージパイロット」自体は、わが国では決して古い概念ではない。しかしながら、ともすれば「目には目を」が台頭するようなホットな国民性を考えると、これを視野に入れてきちんと考察し通すことは、果たして可能なのだろうか？123便の墜落事故では、520名の代えがたい生命が奪われた上、生存者4名の救出まで16時間を要したこともあり、世間一般に「クール」を保ち続けることを期待するのは困難なように思われる。

　最近公開された映画「ゴーストバスターズ：フローズンサマー」で主人公・フィービーのセリフに次のようなものがあったことを思い起こして欲しい。

「魔物を解き放っちゃったのに、未成年だからって、罪に問われないの？」

　みんながお化け屋敷よろしく悲鳴を挙げて逃げ回る程度なら、魔物を解き放ったにしても、まあ笑って済ませる許容範囲かも知れない。しかし、結果として多数の人間が犠牲（凍死）になったとなれば、話は別である。この映画では中心テーマが「ファミリー」であったことを思うと、ファ

ミリーの一員を理不尽に奪われた人間としては、その原因を作った輩（やから）を八つ裂きにしても飽き足らない、というのが、洋の東西を問わず本音ではないだろうか。同じ名前（この場合だとフィービー）を持つ人間への無差別攻撃さえ想定できよう。このような事態を回避する最善の方策が「何も知らせない」に尽きることは見易いだろう。事故調が、軍用機の関与を髪の毛ひと筋すら支持しない姿勢には、人間というものの本能に基づく潜在的爆発が背景にある、と考えれば理解することができる。

　今回、検討を行わなかった「D.」についても、陰謀では決してないから、意図的に墜落後の救助を遅らせる必然性は全く存在しない。

　以上により、筆者が例として示したA.～E.の区分の１つに納得の行かない部分がある（事故調査ではよく起きます！）からといって、それを他の区分にまで拡張して「謀略」があったかのように議論を進めることは、「陰謀論」以外の何物でもないと、断言できる。

落ち穂拾い

　旅客機がショートカットするルートを飛んだ際に、都合の悪い条件が重なったことによる、以上で述べたのと類似の事態の発生は、発表こそされてはいないものの、頻繁に起きていたのではないかと考えられる。相模湾南方の空域は、横田基地への発着コースが飛行高度こそ違えど、民間航空機の航空路と十文字に交差している地点であり、この線を飛ぶ旅客機の乗員乗客が、小型機（速い）を目撃したという話はSNS上で検索を掛けると結構出て来る、そんな場所だからである。違っていたのは、超音速でソニック・ブームを起こしつつ接近しても、これまで尾部の破壊は起きておらず、戦闘機側も「旅客機」であることを確認でき次第スクランブルから引き揚げていたので、表面化しなかったのだと考えられる。

　いずれにせよ、尾部の修理を伴う複数の事故・インシデントへの対応が完全でなかった結果、尾部の構造部は劣化し続け、定期点検等により食い止めることが出来なかった点に、事故の主因はあるものと判断できる。事故原因を内部と外部の破壊説に分けて、10個ほども列挙して見せることを最初に行ったのは、最近亡くなられた吉村公一郎氏であり、今回、筆者の仮説で取り上げた「ソニック・ブーム」も、その一つとして挙げられているものである。大事なことは、いずれの作用力（内部・外部）にしても、破壊の時期を早めただけであり、構造部の劣化を進行させたのは、別の原因だという点にある。

問題点解決の先送り（キャリーオーバー）

　繰り返しになるが、繁忙時は、機体のやりくりで、どこの航空会社も苦労していたから、ちょっとしたインシデント程度では、その日の予定フライトが終了するまで、ごく短期の「キャリーオーバー」を行うことが、常態化していたと考えられる。これは、20世紀初頭の北大西洋航路の置かれた状況と酷似している。バトラー氏の本から少しばかり引用してみたい。

　（前略）当時、北大西洋航路の生き残り競争は熾烈で、過密な運行スケジュールに追われる船長たちは、状況が危険だと分かっていても高速度で船を走らせた。また、こうした運航をしても長年深刻な事故が発生しなかったことが。船長や航海士たちの安全に対する感覚をいっそう鈍らせ

ていた。(中略) スミス船長はこれまでと同じようにタイタニック号を操り、北大西洋の一般的慣習に従って運航していたが、この「一般的な運航手順」に従っていれば、いつか惨劇が起こらざるを得なかったのだ。(後略)

　この指摘に付け加えるべきことは少ない。考察を進めれば進めるほど、JA8119号機の尾部の破壊は、1985年8月12日に起こらなくても、早晩発生し、惨事に至ったであろうことが否定できない、との確信が深まった。
　事故調査委員が、原因不明の線でで納めておけば良いのに、敢えて不備のある（と多くの有識者が指摘している）仮説を報告書に盛り込んだ点は、これを「ホットコーナー」として際立たせ、議論を起こさせることにより、何かを隠蔽（いんぺい）しようとしているのではないか、と勘繰る手合いもあるだろう。
　この点だけは、繰り返し「報告書に書かれている通りだ」と門前払いをすることなく、「腑に落ちる説明」を簡単で良いので実行していただければ、と思う次第である。

◆ 13 - 4. 小括

　事故直後から現在（!）まで続く議論の中で一番多いのは、自衛隊や米軍の動きに、救難活動を通じて理解に苦しむ場面が種々あることを起点とし、そこから飛躍的に、この両者が陰謀の黒幕だ、という結論に至る「仮説」だ、といえば当たらずと言えども遠からずだろう。
　軍隊がからんだ事故事件の場合、全貌が表に出ることはまず無い。しかし、実は何も裏は無くて、通常任務で動いていただけだ、という可能性もあるし、むしろそのほうが自然ではないのか？戦後の日本人（もちろん筆者を含めて）には、軍隊がどのように思考し行動するものなのか、に対する理解と想像力がすっぽり抜け落ちたままである。従って、「軍がらみ」の事故事件の経緯の再構成を企てること自体が現時点ではナンセンスである、とさえ言い得よう。
　筆者が「裏付け」として拾い集めたデータや情報には、世間で「陰謀論者」と目されている（?）方たちの著書やサイトに含まれているものが少なくない。しかし、情報というものは、信憑性を確認しながら自分の（別の）目的に向かって活用するものである以上、「いれもの」の風評からだけで、仮説の信憑性を問うのはやめて欲しい。筆者も相当以上に労力をかけて仮説を組み立てているのだから、これに対して意見したいのであれば、まずは、あなたなりの対立仮説を提示して頂きたいと考えるものです。

14 ディベート（演習）

◆ 14 − 1. 何故必要なのか？

ディベート（dibate）は、第5章で紹介したように、キリスト教文化圏で、「密教」に当たる部分（秘儀）を間違いなく実施できる、エリート人材を養成するために設立された、修道院に端を発する。聖書に書かれた「神の行い」をきちんと把握し、より正確な姿を一般大衆に伝えるためには、文字通り、突っ込んだ議論を行い究める必要があった。この場合、一般社会でのように、自分の立場等に基づき「忖度（そんたく）」していたのでは、真理に到達することは覚束ない。そこで、普段は社会を安定に保つための縛りとなっている条件を一時的に撤廃し、対等の立場で議論を行い究めるのがディベートである。

◆ 14 − 2. どのように実施するのか？

ディベートに関する演習は、原則、2人1組で行う。但し、ペアリング自体は講義時間内に行うが、実際にディベート演習を行うのは、講義時間帯の「外」でお願いしたい。ペアリングのやり方として、筆者は長年、学籍番号を活用する方法を続けている。具体的には、学籍番号（福井大学の場合、8ケタ）のうち左から7ケタ目の数字（0〜9）が同じ学生どうしでペアリングし、ディベートの準備を行ってきた。

ただし、参加人数が奇数となる場合と、病欠等の理由により、後から追加の参加者を収容するため、3人1組でディベートを行うことは差し支えない。

◆ 14 − 3. 教材として使う論説は？

教材は講義担当者の方で10種類用意してある。「7ケタ目の数字」が1の人には教材1を、2の人には教材2を、という調子で9まで順番にアサインする。0の人には教材10をアサインする。予め教材に目を通し、自分自身の考察・見解のメモ書きを準備した上で、ペアリングの相手とのディベートに臨んでいただきたい。

2023年度の演習で取り上げた論説は、本書の参考文献の一つ、「最悪の事故が起こるまで人は何をしていたのか」から、数ページ程度で起承転結の付いている「お話」を10か所、飛びとびに引用したものである。一節の題名及びページを以下に掲げておく：

(1) ハッブル望遠鏡の最悪かつ予測可能な問題（p.151 〜 161）
(2) 純酸素のもとで起きたアポロ1号の火災（p.212 〜 219）
(3) 飛行機に積みこまれた危険な酸素（p.219 〜 229）
(4) 作業員のパニックとチェルノブイリ原発事故（p.233 〜 237）

(5) 午前3時の作業でボルトサイズをまちがえる（p.240～245）
(6) 潜水艦内の二酸化炭素中毒が事態を悪化させた（p.245～253）
(7) 5時間ずれたら大惨事だった屋根の崩落（p.278～284）
(8) ニトログリセリンとのつきあいかた（p.300～310）
(9) 数百人もの死者を出した「肥料」の大爆発（p.311～320）
(10) インドの殺虫剤工場が起こした悲惨な事故（p.375～387）

読者の諸兄諸姉も、いろいろ、工夫を試みられたい。

◆ 14 － 4. 結果の報告はどのように？

ディベートの結果はレポート提出により報告する。内容は、

(1) 課題番号
(2) 内容の要約（A4レポートで半ページ程度）
(3) メンバー1の単独での考察・見解
(4) メンバー2の単独での考察・見解
　　※3人1組の場合はメンバー3についても同様に行う
(5) 両方のメンバーでの考察・見解
　　※3人1組の場合は3人で行う
(6) 感想

で構成することとし、分量としては、

(7) 分量はA4レポート4枚以内
(8) レポートは1組で1個にまとめる

が目安となる。

15　グループ討論（演習）

◆ 15 – 1. 何故必要なのか？

　グループ討論は、第14章で取り上げたディベート（dibate）の拡大深化版である。従って、仮想的に対等の立場を設定した上で、「忖度（そんたく）」なしで議論を行い究める点は共通している。異なるのは、人数がディベートでは2～3人だったのに対し、グループ討論では10人程度と多い点にある。ディベートと同じやり方（単独・相互の意見を収集）では、記録が長大になるだけでなく、結論のありかが判然としなくなる事態も想定できる。そこで、グループ討論では、ある程度メンバーに自由に議論を行わせた上で、挙がってくる意見の中から、大事だと思われるもの2～3個取り上げ、グループとしての意見を取りまとめる必要が出てくる。

◆ 15 – 2. どのように実施するのか？

　グループは、ディベートの時と同じ方法（学籍番号に基づいて分かれる）で編成する。まとめ役として、リーダーと書記を最初に選出する。演習責任者は、課題の内容説明を行い、設問を提示した上で、自由に討論する時間を設ける。授業時間が90分（標準的）の場合、設問ごとの討論（＋取りまとめ）の時間は各20分程度とし、設問は3つ程度が適当と思われる。

◆ 15 – 3. 教材として使う論説は？

　教材は講義担当者のほうで2種類（＝演習2回分の意）用意して行う。ディベートの時とは異なり、全グループで同じ教材を使用する。2023年度の演習で取り上げた論説は、本書の参考文献の一つ、「死角　巨大事故の現場」から、14 – 2.で示した条件で演習が行い得るよう、抜粋したものを使用している。具体的には、巻末付録をご覧いただきたい。

◆ 15 – 4. 結果の報告はどのように？

　グループ討論の結果は、配布した記録用紙に書記がメンバーの発言の要点を記録し、その中から最重要のものと、次に重要なものとを、リーダーがメンバーに確認しながらコミットしたものを、終了後に提出する。これに加えて、以上のようにして取りまとめたグループの意見を、他グループに対して発表し、周知する時間を、授業時間の最後の部分に設けると良いと思われる。

　新型コロナウィルス禍を経験した結果、発表会をリモート通信方式で実施する技法は飛躍的に向上したので、これを積極的に活用するのも、受講者の経験量を増やす意味で良いでしょう。

◆ 15 – 5. 付録

「科学技術と倫理」グループ演習（1）　　2023年12月実施　　　担当：高橋一朗

<準備>
(1) 学籍番号の左から数えて7ケタ目の数字0～9に従って、10個のグループに分かれて着席して下さい。

(2) 各グループにB4用紙1枚を配ります。
片面の上から5cm程度までに全員の学籍番号と姓名を書いて下さい。

(3) 各グループで、リーダー1名、書記1名を選んで下さい。

(4) グループ演習での討論は、リーダーを中心に進め、書記は、それに沿って記録をお願いします。

<課題1>
　飛行機が緊急に着陸・着水する必要が起きた場合、かつては、客室乗務員は、飛行状況や待機姿勢などの説明を行ったあとで、乗客の靴を脱がせ集めて廻っていました。緊急事態が実際起きることは少ないですが、飛行機を良く利用する人は、「万一のときは靴を脱ぐもの」と心得ていることが多いものです。このことに関連して、以下の設問について、みんなで考えてみましょう。

(1) 緊急着陸や着水の際には、脱出用シュート（滑り台型のバルーン）を使うことが多いです。
かつて、乗客の靴を脱がせる必要があった理由は何でしょうか？

(2) 今では、靴を脱がせることは行われなくなりました。
脱がせる理由がなくなった理由は何でしょうか？

(3) 常識とは恐ろしいもので、「緊急時に靴を脱がせる」ことは、今でも行われることがあります。このことが結果としてまずいことになるのはどのような場合か、考えて下さい（事例の報告がときどきあります）。

※ (1) + (2) と、(3) と、2回、各班のリーダーには黒板に書いて、
みんなに意見を示してもらいます。よろしく。

「科学技術と倫理」グループ演習（2）　　2024年1月実施　　担当：高橋一朗

<準備>
(1) 学籍番号の左から数えて7ケタ目の数字0～9に従って、10個のグループに分かれて着席して下さい。

(2) 各グループにB4用紙1枚を配ります。
片面の上から5cm程度までに全員の学籍番号と姓名を書いて下さい。

(3) 各グループで、リーダー1名、書記1名を選んで下さい。

(4) グループ演習での討論は、リーダーを中心に進め、書記は、それに沿って記録をお願いします。

<課題2>
　XXXX年XX月XX日未明、住宅密集地にある鉄筋コンクリート2階建てのアパートで、漏れていたプロパンガスの爆発炎上事故があり、13人の死傷者を出した。このアパートでは、事故の13日前に住民が「ガス臭い」と気づき、プロパンガス販売業者に通報していた。そのとき業者は、ガス漏れ検査にやってきて、2戸の家については調べた（微量の漏れたガスが検出された）が、爆発源となったMさん宅については、留守のため検査せずに帰ってしまったという。Mさん宅のガスメーターを、業者が事故後に調べたところ、XX月が前月の4倍ものガスが消費されたことになっていたという。
　このことに関連して、以下の設問について、みんなで考えてみましょう。

(1) この事故の要因の中で、1番目・2番目に重要と思われる要因2つを順位を付けて挙げなさい。

(2) (1)で挙げた要因に対し、どう注意していれば事故を防げたのか、考察しなさい。

(3) 一般に、警報の意味が即座に理解され、適切に行動に行かされるために、必要と考えられる条件を挙げなさい。

※ (1) + (2) と、(3) と、2回、各班のリーダーには黒板に書いて、
　みんなに意見を示してもらいます。よろしく。

16 参考文献

◆ 16 - 1. 文献（電子情報を含む）

※印は同一の文献が複数の章で参照されていることを示す。

技術者倫理関係科目の教科書・参考書

野城智也、札野　順、板倉周一郎、大場恭子『実践のための技術倫理　責任あるコーポレート・ガバナンスのために』東京大学出版会、2005 年 10 月

市野川容孝『生命倫理とは何か』平凡社、2002 年 8 月

藤本　温編著『技術者倫理の世界』森北出版株式会社、2002 年 11 月

今村遼平『技術者の倫理　信頼されるエンジニアをめざして』鹿島出版会、2003 年 12 月

黒田光太郎、戸山田和久、伊勢田哲治編著『誇り高い技術者になろう』名古屋大学出版会、2004 年 4 月

ニコラス・H・ステネック著、山崎茂明訳『ORI 研究倫理入門　責任ある研究者になるために』丸善、2005 年 1 月

杉本泰治、高城重厚著『第三版　大学講義　技術者の倫理　入門』丸善、2005 年 2 月

林　真理、宮沢健二、小野幸子ほか『技術者の倫理』コロナ社、2006 年 4 月

事例分析ほか本書の多くの部分に関連する教科書・参考書

宮城雅子『大事故の予兆をさぐる　事故へ至る道筋を断つために』講談社ブルーバックス、1998 年 3 月

日経ものづくり編『重大事故の舞台裏　技術で解明する真の原因』日経 BP 社、2005 年 11 月

ジェームズ・R・チャイルズ著、高橋健次訳『最悪の事故が起こるまで人は何をしていたのか』草思社、2006 年 10 月

第 1 章

高橋一朗『教室会議ノート　繊染→応反→生化→物質生命』（私家版）、1986 年 12 月～ 2023 年 3 月

アニタ・T・サリヴァン著、岡田作彦訳『ピアノと平均率の謎』白揚社、2005 年 6 月

柳田邦男『文芸春秋 3 月号「羽田沖 133 人墜落死の新事実」』文芸春秋社、1969 年 3 月

第 2 章

黒川陽一郎、斎藤隆通、宮島尚子、山口　毅、高橋一朗『福井大学地域環境教育センター研究紀要第 10 号「環境問題を視野に入れた化学系の人材養成に関する一工夫；平成 13 年度生物応用化学科創成科目（試行）発表；PET ボトルを考える」』福井大学、2003 年

苅谷剛彦、山口二郎『格差社会と教育改革』岩波ブックレット、2008 年 6 月

苅谷剛彦『グローバル化時代の大学論①アメリカの大学・ニッポンの大学　TA、シラバス、授業

評価』中公新書ラクレ、2012年9月
苅谷剛彦『コロナ後の教育へ　オックスフォードからの提唱』中公新書ラクレ、2020年12月
岩崎　昶『チャーリー・チャップリン』講談社現代新書、1973年1月
『国家資格「技術士」に最年少で福井県の女性会社員が合格　仕事と勉強を両立、実務経験積み合格10.4%の難関突破』福井新聞電子版、2022年10月31日付

第3章
孫崎　享『日本再発見双書①戦後史の正体1945 − 2012』創元社、2012年8月
施　光恒『英語は愚民化　日本の国力が地に落ちる』集英社文庫、2015年7月
西尾幹二『教育と自由 - 中教審報告から大学改革へ』新潮選書、1992年3月
西尾幹二、呉　善花『日韓　悲劇の深層』祥伝社新書、2015年10月

第4章
宇野功芳『ブルーノ・ワルター　改訂版　レコードによる演奏の歩み』音楽之友社、1979年8月
吉岡甲子郎『物理化学大要』養賢堂、1965年1月
原島　鮮『熱力学・統計力学　改訂版』培風館、1978年9月
G・ニコリス、I・プリゴジーヌ著、小畠陽之介、相沢洋二訳『散逸構造 - 自己秩序形成の物理学的基礎』岩波書店、1980年1月
A・サトクリフ、A・P・D・サトクリフ著、市場泰男訳『エピソード科学史Ⅰ～Ⅳ』現代教養文庫、1971年10月～1972年5月※
K・P・C・ボルハルト、N・E・ショアー著、古賀憲司、野依良治、村橋俊一監訳、大嶌幸一郎、小田嶋和徳、金井　求、小松満男、戸部義人訳『現代有機化学　第8版（上・下）』化学同人、2019年12月

第5章
カール・セーガン著、木村　繁訳『Cosmos（上・下）』朝日新聞社、1980年11月
読売新聞社編『人間この不可思議なるもの』読売新聞社、1972年10月※
秀文堂編集部『生物図説』秀文堂、1970年
森　昭雄『ゲーム脳の恐怖』、生活人新書（NHK出版）、2002年7月
理化学研究所、日本将棋連盟『直観的な戦略決定を行う脳のメカニズムを解明棋士の戦略決定は帯状皮質ネットワークで行われる』https://www.riken.jp/press/2015/20150421_1/
遠山　啓『数学入門（上・下）』岩波新書、1959年11月
平山　諦『改訂新版　円周率の歴史』大阪教育図書、1980年11月
野尻抱影『天文教室　肉眼、双眼鏡小望遠鏡　星座見學』恒星社版、1966年2月
中山　茂『日本の天文学　西洋認識の先兵』岩波新書、1972年10月
斉藤国治『星の古記録』岩波新書、1982年10月
斉田　博『新装版・おはなし天文学1・2』地人書館、2000年6月
瀬名英明『虹の天像儀』祥伝社文庫、2001年11月

冲方　丁『天地明察』、角川書店、2009 年 11 月
中村　士監修『江戸の天文学　渋川春海と江戸時代の科学』角川学芸出版、2012 年 8 月
岡田芳明『暦ものがたり』角川文庫、2012 年 8 月
天文年鑑編集委員会編『天文年鑑 2004 年版～ 2024 年版』誠文堂新光社、各前年 11 または 12 月発行
江藤　淳『決定版　夏目漱石』新潮文庫、1979 年 7 月
渡邉義浩『魏志倭人伝の謎を解く　三国志から見る邪馬台国』中公新書、2012 年 5 月
W・シェイクスピア著、中野好夫訳『ヴェニスの商人』岩波文庫、1973 年 3 月
島崎藤村『破戒』新潮文庫、2005 年
林　周二『統計学講義　第 2 版』丸善、1973 年 3 月
森田優三、久次智雄『新統計概論　改訂版』日本評論社、1993 年 9 月
大槻知史、三宅陽一郎『最強囲碁 AI アルファ碁解体新書：深層学習、モンテカルロ木検索、強化学習から見たその仕組み』翔泳社、2017 年 7 月
木村英紀『ものつくり敗戦　「匠の呪縛」が日本を衰退させる』日経プレミアシリーズ、2009 年 3 月
キーワード辞典編集部編『朝までビデオ 5　ヒッチコック殺人ファイル』洋泉社、1990 年 10 月
稲田豊史『映画を早送りで観る人たち　ファスト映画・ネタバレ ― コンテンツ消費の現代形』光文社新書、2022 年 4 月

第 6 章

『福井県の地質図』http://www.jasdim.or.jp/gijutsu/kenbetsu/chiiki/fukui/2.html
福井県みどりのデータバンク『福井県の自然環境のあらまし』http://www.erc.pref.fukui.jp/gbank/summary/summary2.html
平野昌繁、諏訪浩、藤田崇、奥西一夫、石井孝行『京都大学防災研究所年報第 33 号「1989 年越前海岸落石災害における岩盤崩壊過程の考察」』京都大学、1990 年
『玉川洞窟観音』http://www.fuku-e.com/spot/detail_5437.html
福井新聞、1989 年 7 月 17 日付 1 面
福井新聞、2018 年 7 月 8 日付 1 面
福井新聞、2019 年 7 月 14 日付 31 面
メアリー・ベネット、デヴィッド・S・パーシー著、五十嵐友子訳『アポロは月に行ったのか？ Dark Moon ― 月の告発者たち』雷韻出版、2002 年 10 月
松浦晋也『スペースシャトルの落日　失われた 24 年間の真実』エクスナレッジ、2005 年 5 月

第 7 章

福井新聞、1970 年 1 月 23 日付 1 面
福井新聞、1970 年 3 月 14 日付 1 面
『敦賀発電所 1 号機放射性廃液漏洩事故関連資料』（1981 年）http://atomica.jaea.go.jp/data/detail_02-07-02-11.html
福井新聞、1986 年 12 月 29 日付 1 面（共同通信配信）
福井新聞、1986 年 12 月 30 日付 19 面（共同通信配信）

佐々木冨泰、網谷りょういち『事故の鉄道史』日本経済評論社、1993年1月
佐々木冨泰、網谷りょういち『続　事故の鉄道史』日本経済評論社、1995年11月※
井沢元彦『なぜ日本人は、最悪の事態を想定できないのか－新・言霊論』祥伝社新書、2012年9月
福井新聞、1995年12月9日付け紙面1面
Nife-Nife's photo, CC 表示－継承 3.0, https://commons.wikimedia.org/w/index.php?curid=3497972 による
A・サトクリフ、A・P・D・サトクリフ著、市場泰男訳『エピソード科学史Ⅰ～Ⅳ』現代教養文庫、1971年10月～1972年5月※

第8章

読売新聞社編『人間この不可思議なるもの』読売新聞社、1972年10月※
京福電気鉄道株式会社『京福電気鉄道88年回顧越前線写真帖』京福電気鉄道株式会社、2003年1月31日
国土交通省「国土画像情報（カラー空中写真）」（配布元：国土地理院地図・空中写真閲覧サービス）, attribution, https://commons.wikimedia.org/w/index.php?curid=48945621 による
福井新聞、2000年12月18日付1面
福井新聞、2001年6月25日付1面
嶋田郁美『ローカル線ガールズ』メディアファクトリー、2008年1月
宮脇俊三『失われた鉄道を求めて』文芸春秋、1989年9月
南　正時『郷愁の旅　廃線跡を訪ねて・・・　失われた鉄道100選』淡交社、1996年12月
鹿取茂雄『廃線探訪』彩図社、2011年12月
大野　哲編著『消えたレールの跡はいま－鉄道廃線めぐり』竹書房、2013年9月
佐々木冨泰、網谷りょういち『続　事故の鉄道史』日本経済評論社、1995年11月※
網谷りょういち『信楽高原鐵道事故』日本経済評論社、1997年10月
信楽列車事故遺族会・弁護団編著『信楽列車事故　JR西日本と闘った4400日』現代人文社、2005年5月
福井新聞、1999年10月1日付1面（共同通信配信）
NHK「東海村臨界事故」取材班『朽ちていった命　被ばく治療83日間の記録』新潮文庫、2006年9月
福井新聞、2020年12月5、8、11、12、16－18日付
朝日新聞電子版、2020年12月24日付
柳田邦男『恐怖の2時間18分　スリーマイル島原発事故全ドキュメント』文春文庫、1986年5月
村松　秀『論文捏造』中公新書ラクレ、2006年9月

第9章

上田誠吉、後藤昌次郎『誤った裁判－八つの刑事事件－』岩波新書、1960年2月
福井新聞、1966年2月5日付1面（共同通信配信）
福井新聞、1966年2月16日付11面（共同通信配信）

福井新聞、1971 年 7 月 4 日付 1 面（共同通信配信）
山名正夫『最後の 30 秒　羽田沖全日空機墜落事故の調査と研究』朝日新聞社、1972 年 2 月
柳田邦男『航空事故』中公新書、1975 年 3 月
柳田邦男『新幹線事故』中公新書、1977 年 3 月
福井新聞、1985 年 8 月 13 日付 1 面（共同通信配信）
柳田邦男『文庫版　マッハの恐怖』新潮文庫、1986 年 5 月
柳田邦男『文庫版　続・マッハの恐怖』新潮文庫、1986 年 11 月
加藤寛一郎『壊れた尾翼』技報堂出版、1987 年 8 月
柳田邦男『事故調査』新潮社、1994 年 9 月
小山　巖『ボイスレコーダー撃墜の証言　大韓航空機事件 15 年目の真実』講談社、1998 年 10 月
デヴィッド・オーウェン著、青木謙知監訳『墜落事故　機体が語る墜落のシナリオ』原書房、2003 年 3 月

第 10 章

J・R・ホイジンガ著、青木　薫訳『常温核融合の真実　今世紀最大の科学スキャンダル』化学同人、1995 年 1 月
日本技術士会　原子力・放射線部会『部会報 21 号（2018 年 3 月 22 日発行）「技術士の自律とは何か」』
http://www.engineer.or.jp/c_dpt/nucrad/topics/008/attached/attach_8950_8.pdf
日本弁理士会『記事「知的財産権とは」』http://www.engineer.or.jp/
経済産業省『知的財産権、知的財産、知的資産、無形資産の分類イメージ図』https://www.meti.go.jp/policy/intellectual assets/teigi.html
School for Business『記事「企業における行動規範の重要性とは？そのメリットについて解説する」』http://schoo.jp/biz/column/892
東京弁護士会『記事「公益通報とは」』http://www.toben.or.jp/know/iinkai/koueki/kouekitsuho/

第 11 章

Clinton Groves - http://www.airlinefan.com/airline-photos/1425523/Air-Madagascar/Douglas/C-47/5R-MAK/, GFDL 1.2, https://commons.wikimedia.org/w/index.php?curid=20080113 による
福井新聞、1972 年 11 月 7 日付 1 面
柳田邦男『失速・事故の視覚』文春文庫、1981 年 7 月
佐々木冨泰、網谷りょういち『続　事故の鉄道史』日本経済評論社、1995 年 11 月※
ダニエル・アレン・バトラー著、大地　舜訳『不沈　タイタニック悲劇までの全記録』実業之日本社、1998 年 12 月
田中正吾『改定版　青函連絡船　洞爺丸転覆の謎』交通ブックス、1998 年 7 月

第12章

福井新聞、2001年9月12日付1面（共同通信配信）
柳田邦男『撃墜（上・下）』講談社、1984年10月
柳田邦男『死角　巨大事故の現場』新潮文庫、1988年7月
角田四郎『疑惑　JAL123便墜落事故　このままでは520柱は瞑れない』早稲田出版、1993年12月
吉原公一郎『普及版・ジャンボ墜落』人間の科学社、1994年6月
加藤寛一郎『墜落　ハイテク旅客機がなぜ墜ちるのか』講談社＋α文庫、1994年8月
池田昌昭『御巣鷹山ファイル JAL123便墜落「事故」真相解明』文芸社、1998年1月
高橋五郎『早すぎた死亡宣告』KKベストセラーズ、1999年10月
コンノケンイチ『NASAアポロ計画の巨大真相　月はすでにE.T.の基地である』徳間書店、2002年12月
藤田日出男『隠された証言　日航123便墜落事故』新潮文庫、2006年8月
ベンジャミン・フルフォード著、『暴かれた9.11疑惑の真相』扶桑社、2006年9月
柴田哲孝『完全版　下山事件　最後の証言』祥伝社文庫、2007年7月
青山透子『日航123便あの日の記憶　天空の星たちへ』マガジンランド、2010年4月
米田憲司『御巣鷹の謎を追う　日航123便墜落事故』宝島SUGOI文庫、2011年7月
佐藤　守『自衛隊の「犯罪」雫石事件の真相！』青林堂、2012年7月
小田周二『日航機墜落事故　真実と真相　御巣鷹の悲劇から30年　正義を探し訪ねた遺族の軌跡』文芸社、2015年3月
吉田敏浩『「日米合同委員会」の研究　謎の権力構造の正体に迫る』創元社、2016年12月
小田周二『524人の命乞い　日航123便乗客乗員怪死の謎』文芸社、2017年8月
堀越豊裕『日航機123便墜落　最後の証言』平凡社新書、2018年7月
瀧澤　實『真の原因は究明されたか　JAL123便の御巣鷹尾根墜落事故』∞books、2020年1月
Kjell Nilsson - https://aviation-safety.net/photo/9304/Boeing-747-SR46-JA8119, CC 表示 - 継承3.0, https://commons.wikimedia.org/w/index.php?curid=83253632 による

第13章

国土交通省運輸安全委員会『ボーイング747SR-100型 JA8119事故調査報告書』
https://www.mlit.go.jp/jtsb/aircraft/download/62-2-JA8119.pdf による

◆ 16－2. 視聴覚資料（電子情報を含む）

第3章

『TVドキュメンタリー:1945年以降の日本（原題＝Nippon: Japan since 1945）』A&E（米国CATV）、全8回、1991年1月6日～2月24日放送

第 4 章
DVD『ギフテッド /Gifted』サーチライトピクチャーズ、2017 年

第 5 章
DVD『テルマエ・ロマエ』東宝、2012 年
DVD『ヘソモリ』ダイブテック、2011 年
DVD『天地明察』角川映画、2012 年
DVD『アレクサンドリア』GAGA/ 松竹、2008 年
DVD『宮廷女官チャングムの誓い（全 54 話）』、MBC（韓国 TV）、2003 〜 2004 年
DVD『破戒』大映 / 角川映画、1962 年
CD『ヨハン・シュトラウス コレクション SP に聴くシュトラウス 20 世紀前半録音集成〜 1954 年ニューイヤー・コンサート（第 2 部）ライブ録音』オーパス蔵、2010 年
CD『ニューイヤー・コンサート 2015 年』ソニー・クラシカル、2015 年
DVD『スピリット：自由に駆け抜けて（原題 :Spirit Riding Free）』ユニバーサル TV、2020 年（日本向け配信なし）
DVD『スピリット：未知への冒険』ドリームワークスアニメーション、2021 年（コロナ禍のため日本では劇場公開なし、DVD スルー）
DVD『ゴーストバスターズ：アフターライフ』ソニーピクチャーズ、2021 年（日本公開 :2022 年）

第 6 章
kagokago456『越前海岸トンネル崩落事故』2006 年（YouTube で視聴可）
　　　　　＜註＞福井テレビで放送された事故直前映像も含む
『スペースシャトル・チャレンジャー爆発事故』（YouTube で視聴可）
DVD『The Dream is Alive』NASA、1985 年
DVD『ディスカバリーチャンネル「コロンビア号最後の 16 日間」』角川書店、2003 年
DVD『スペースキャンプ』20 世紀 FOX、1986 年
DVD『アルマゲドン』ブエナビスタ、1998 年
DVD『スペースカウボーイ』ワーナー、2000 年

第 7 章
兵庫県香美町監修 DVD『土木学会第 23 回映画コンクール部門賞受賞記念「余部鉄橋の記憶　永久保存版」』CAMEL、2010 年
映画『オッペンハイマー』ユニバーサル映画、2023 年

第 8 章
『東海村臨界事故』（YouTube で視聴可）
DVD『えちてつ物語』ローカル線ガールズ製作委員会、2018 年

第9章

『明日への記録「空白の110秒」』NHK、1973年（YouTubeで視聴可）

may chan『【日航機墜落事故】文集「小さな目は見た」についてと、真実を解明する唯一の方法について』（YouTubeで視聴可）

サイコパスおじさん『【千と千尋⑥】映画公開初日だけ見れた？幻のハッピーエンド。【ジブリ】【千と千尋】【岡田斗司夫／切り抜き】』（YouTubeで視聴可）

スタディおかだ『【千と千尋⑬】実は公開初日だけ上映された幻のエンディングが存在した!?千と千尋の神隠し完全解説＃岡田斗司夫＃切り抜き』（YouTubeで視聴可）

第11章

VHS『National Geographic Video: Secrets of the Titanic』Vestron、1986年

DVD『カヴァルケード』GP Museum、1933年

『Titanic』（独）、1937年（YouTubeで視聴可）

DVD『タイタニックの最期』20世紀FOX、1952年

DVD『SOSタイタニック／忘れえぬ夜』クライテリオンコレクション、1958年

DVD『失われた航海』（TV映画）Quester、1979年

DVD『タイタニック』20世紀FOX、1997年（+3D版2012年）

DVD『ザ・タイタニック（全5回）』BBC/キングレコード、1998年

第12章

『日本航空123便墜落事故（発生時のニュース）』NHK、1985年8月12日（YouTubeで視聴可）

『日航ジャンボ機墜落事故・最後の交信記録』フジテレビ、2000年8月13日（YouTubeで視聴可）

『NHKスペシャル「空白の16時間」』NHK、2015年8月1日（YouTubeで視聴可）

ワタナベケンタロウ『日航機墜落事故45』（YouTubeで視聴可）

ワタナベケンタロウ『日航機墜落事故50』（YouTubeで視聴可）

ワタナベケンタロウ『日航機墜落事故55』（YouTubeで視聴可）

ワタナベケンタロウ『日航機墜落事故65』（YouTubeで視聴可）

タクヤ独り語り『日航機墜落事故の真相⑤「機内で撮影された怪写真の真相！」』（YouTubeで視聴可）

rainbo603『日航123便の真相に迫る②「機内から撮影された謎の写真」』（YouTubeで視聴可）

わくてかチャンネル『リクエスト品⑭「上野村視点」』（YouTubeで視聴可）

第13章

DVD『ゴーストバスターズ：フローズンサマー』ソニーピクチャーズ、2024年

◆ あとがき

　本書の執筆は、後を託すという気持ちからスタートしました。筆者の専門・有機化学で論文や解説などを書くことに比べると、場面ごとに的確な言い回しができているのかどうか、経験が乏しいこともあって不安だったのですが、正直、書いていて大変楽しかったと思います。

　じゃあ本職の論文書きは楽しくないのか、という質問が来そうですが、正直言って、15年くらい前から、うんざりする事例（体験）が多くなったのは確かです。有機合成化学では、昔むかし発表された「人名反応」が、時間を経て新たな目的の発生や研究者の立ち位置からリファインされて、再度、脚光を浴びることは決して珍しいことではないし、新たなパラダイムを切り拓く原動力ともなっています。ところがある時期から、昔出された原著論文から現在までの間に全く活用されていない反応では価値が低い、という判断を下す審査員が急に増えたのです。結果として、新たな切り口を展開するためのアリバイを明記するばかりでなく、（無理にも）最近の関連論文を引用する、という手続きが不可欠とされた結果、研究の推進よりも「事後の作業」にうんと手間を取られることが多くなりました。

　これに比べると、技術者倫理関係科目の教科書の場合は、書いている本人の基盤を成す価値観や判断・思想に到達するにあたり、参照した文献を、新旧を気にせず列挙すれば良いのですから、気分的には大いに楽です。読者の諸兄諸姉におかれましては、引用文献の改訂版（題名は同一でなくても構いません）をご教示頂ければ幸いと存じます。

　技術者倫理に関係した他の成書の中で、詳しく述べられている事例については、重複を避ける意味から、要点だけを摘出する形で収録することを心掛けたのですが、筆者が書いたものが初例となるか、或いは他の成書では意を尽くせていない（？）と判断された対象に関しては、長文になるのを厭（いと）わず、書き下ろしました。従って、文体にせよ、区切りごとの分量にせよ、全体的にバランスが取れていないのは百も承知です。しかしながら、本書に文字で記述された「全文」を授業時間中に朗読する必要などさらさらないわけですから、近未来に分担される先生方には、適宜端折って講義に活用していただければ幸いと存じます。

　筆者が本書の中心となる「事例分析」なるものに興味を持ったのは、20年以上前に亡くなった父親のお陰です。1966年2月4日の全日空60便墜落事故の事故調査団に、父親が大学で直で教わったことのある先生が何名も参加していて興味を持ち、色々な文献を読み漁る、そこまでなら、読者の諸兄諸姉の周囲でもよく聞かれる「事例」でしょう。しかしながら、それを当時まだ10歳そこそこの息子に強く勧めるというのは、はなはだ尋常と思われません。

　とはいえ、筆者にとっては、最初に読むのを進められたのが、参考文献にも挙げさせていただいた、柳田邦男氏の「羽田沖133人墜落死の新事実」という、それから間もなく上梓された「マッハの恐怖」の核心を成す論説であったことは、実に幸運でした。専門用語も多く、内容に関しては正直言って、チンプンカンプン（失礼！）だったのですが、背筋にゾクゾクするものを感じたことは、今でも鮮明に覚えています。こうして、筆者は「不器用だけどオタッキーな子供」（=awkward and nerdy kid; 映画「ゴーストバスターズ：アフターライフ」のグルーバーソン先生のセリフ）

となり、それは、現在の自分に繋がり支える原点となったわけです。読者の皆様が、「背筋にゾクゾクするものを感じる」体験を持たれる糸口として本書がお役に立つのならば、筆者としてこれに優る喜びはありません。

　最後に、本書を世に送るに当たり助けていただいた、それこそ多数の方々の中から、この場を借りていくつかの名前を挙げさせていただくことをお許し下さい。
　筆者がこのジャンルへのめりこむ、最初のきっかけを与えてくれた、亡父・高橋史朗。職業をめぐる倫理にいろいろな助言を受けた、家族と親戚。長年にわたり、授業という学生たちとの大事な接点を与え続けて頂いた、生物応用化学科（現物質・生命化学科）をはじめとする、福井大学工学部の教職員の皆さま。専門の化学でも、化学外のことでも、常に筆者の新しい(無謀な?)チャレンジを後押ししていただいた、福井大学元学長・児嶋眞平先生。大学の先輩後輩として以外に、趣味のクラシック音楽でもお付き合い下さり、惜しくも先日他界された福井県元知事・栗田幸雄氏。福井県囲碁界における私（県外出身者）の信用拡大のため、ひとかたならぬ骨折りをいただいた元福井市長・酒井哲夫氏。初めての本作りで不慣れな筆者を手助けしていただいた、福井新聞社の皆さま。そして最後に、実物よりはるかに「美形」の筆者のイラストを描いてくれた、研究室の稲田綾子さん。ありがとうございました。

社会と技術者 〜おはなし技術者倫理 in Fukui〜

2024 年 10 月 10 日　発行

著　者　　髙　橋　一　朗

印　刷　　国府印刷社
　　　　　〒915−0802　福井県越前市北府2丁目11−16
　　　　　Tel. 0778−22−3706